城市供水预报及应急调度关键技术研究与应用

沙金霞　刘　彬　谢纪强　著

黄 河 水 利 出 版 社

·郑　州·

内容提要

伴随着全球气候变化，我国气候异常和极端天气事件频发，由极端干旱引发的城市供水危机时有发生；与此同时，突发性水污染事故频发，城市供水安全问题日趋严峻和突显；而由洪涝、地震、旱灾、火灾、风暴潮、沙尘暴、泥石流等自然地质灾害、战争、人为破坏等重大突发事故均可能破坏饮用水源，毁坏供水管线、供水设施以及水厂，造成灾期和灾后一段时期内无法供应符合卫生安全要求的饮用水局面，给人类的生命和财产造成巨大痛苦和损失。因此，为了预防由极端天气和突发事件引起的城市供水不安全问题，保障我国城市供水安全与可持续发展，在总结国内外研究现状的基础上，本书提出了城市供水应急调度理论基础，构建了城市枯季供需水预报技术、应急预警技术、应急调度模型及应急管理系统，并以安阳市为例，分析和探讨了安阳市平原区城市供水应急预警模型的构建与实际应用。

图书在版编目(CIP)数据

城市供水预报及应急调度关键技术研究与应用/沙金霞，刘彬，谢纪强著. —郑州：黄河水利出版社，2021.7

ISBN 978-7-5509-3039-1

Ⅰ.①城… Ⅱ.①沙…②刘…③谢… Ⅲ.①城市供水-研究 Ⅳ.①TU991

中国版本图书馆 CIP 数据核字(2021)第 139939 号

策划编辑：李洪良　电话：0371-66026352　E-mail：hongliang0013@163.com

出 版 社：黄河水利出版社　网址：www.yrcp.com

地址：河南省郑州市顺河路黄委会综合楼 14 层　邮政编码：450003

发行单位：黄河水利出版社

发行部电话：0371-66026940、66020550、66028024、66022620(传真)

E-mail：hhslcbs@126.com

承印单位：广东虎彩云印刷有限公司

开本：787 mm×1 092 mm　1/16

印张：7.25

字数：168 千字　印数：1—1 000

版次：2021 年 7 月第 1 版　印次：2021 年 7 月第 1 次印刷

定价：48.00 元

前 言

随着社会、经济的发展和人口的增长,城市对水资源的需求量、依存性越来越大。对城市管理者来说,不仅要保障城市常规供水,还要考虑非常态供水危机的可能性并做好充分的准备。我国城市供水应急预案制度初步建立,但应对由突发水污染事故、自然灾害等造成的影响,应急能力依然十分薄弱。主要体现在应急责任不明确、预案制度不完善、缺乏应急信息支持系统,同时应急监测援助系统、应急物资储备系统、应急设施保障系统、应急供水大型装备和专业化应急队伍还达不到快速响应和迅速供水的应急需求。为保障城市供水安全、缓解城市供水系统的脆弱性和应对未来因干旱导致的供水压力,开展城市供水预报及应急调度势在必行。

全书共分 7 章,第 1 章是绪论,介绍了城市供水预报、预警及其应用、供水应急调度方面国内外研究现状及对我国的启示,由沙金霞、刘彬、李苏撰写;第 2 章系统阐述了城市供水预报及应急调度理论基础,介绍了城市供水预报方法、城市供水突发事件的分类分级、应急预警组成、预警级别及信息发布,给出了城市供水应急预案和应急调度措施,由沙金霞、谢纪强撰写;第 3 章是城市枯季供需水预报技术,根据我国枯季径流的特点,建立了基于 BP 神经网络的水库枯季径流预报模型技术、以地下水数值模拟模型为基础基于水均衡方程的地下水可开采量预报模型以及枯季需水量分析预报模型和城市枯季供需水预报模型,由沙金霞、刘彬、谢纪强撰写;第 4 章是城市供水安全预警技术,包括预警等级划分、审批权限、发布流程、预警指标和预警标准(水库、地下水源地等)等研究方法和技术,由沙金霞、谢纪强、常一帆撰写;第 5 章是城市供水安全应急调度技术与应急管理系统,以城市供水应急调度网络图为基础,建立了基于规则的城市供水应急调度模型,由沙金霞、刘彬、谢纪强、韩宇航撰写;第 6 章是安阳市城市供水安全应急预警模型,根据安阳市的供水特点,利用本书提出的预警理论、预警技术、预警模型和管理系统,给出了预警标准和预警结果,并在此基础上按不同类型的突发事件分别设置了不同情景进行分析,最终给出安阳市安全供水的调度方案,由沙金霞、徐丹、李苏、徐志恒、孙博伦撰写;第 7 章是结论与展望,由沙金霞、谢纪强撰写。

由于城市供水预报及应急调度研究相关研究理论和方法仍处于探索阶段,限于作者水平和时间限制,书中难免存在不足和错误之处,恳请读者批评指正。

沙金霞

2021 年 5 月

目　录

第1章 绪 论

1.1 研究背景与研究意义

从20世纪90年代以来,我国城市化进程步入了快速发展时期,城镇化率由1990年的26.4%提高到2011年的51.3%,城镇人口达到6.91亿,建制市661个,有118座城市人口超过百万,其中有39座城市的人口在四百万以上。城市是政治、经济和文化活动的主要场所,是社会经济发展主要推动力,城镇化已经成为我国未来最大的发展红利与增长引擎。预测到2030年,我国城镇化率达到65%,城市人口将超过10亿人。随着城镇化进程的快速发展,我国城市供水系统的脆弱性逐渐显现,许多城市供水相继告急,水资源供需矛盾日益突出,在我国661座城市中,2/3的城市面临不同类型的缺水。缺水已经成为制约我国城镇化发展的重要因素。

近年来,我国供水安全的突发事件又频繁发生。一是伴随着全球气候变化,我国气候异常和极端天气事件频发,由极端干旱引发的城市供水危机时有发生,水旱灾害呈现"先旱后涝、北旱南涝、旱涝急转和旱涝并发"的局面;二是突发性水污染事故频发,如近几年太湖发生大规模的蓝藻污染导致无锡等城市供水危机,秦皇岛市因洋河水库污染,长春市因新立城水库蓝藻等导致不同程度的城市供水危机等,尤其是2005年松花江化工污染事件和2012年浊漳河苯胺重大环境污染事件后,城市供水安全、风险问题日趋严峻和突显;三是自然地质灾害(如洪涝灾害、干旱、地震、泥石流等)、人为破坏(包括战争和恐怖袭击等)都有破坏饮用水水源、损坏输供水管网、供水设施、水厂的可能,在灾期和灾后的一段时间内没有符合卫生要求的水源可被提供,给人类的生命和财产造成巨大的痛苦和损失。2008年"5·12"汶川地震对震区供水设施造成了极大的破坏,县城以上城镇供水受灾人口高达1 059万人。如何保障城市供水安全日益成为我国各级政府部门和社会各界高度关注的问题。

我国城市供水实时监控、管理、预报和预警等技术水平不高,科技储备薄弱、供水设备老化落后、管理制度不健全、安全措施不到位,致使城市供水安全隐患严重。而且我国城市供水没有考虑风险因素,更严重的是在大中城市都没有应急备用水源,对水源地的污染没有应对机制和应急预案,造成保障城市应急供水安全任务相当艰巨。一座城市的供水安全涉及社会、经济、生活的方方面面,对于居民生活的稳定和谐,工业的安全生产,经济的平稳运行等具有不可替代的作用,其产生的直接经济效益和潜在的社会效益是无法估量的。城市应急供水安全要未雨绸缪,早做准备。

城市供水系统是一个非常复杂的系统,系统中任何一个环节出现问题,都可能产生严重后果。在发生供水突发事件时,政府和供水部门要在短时间内迅速做出供水决策,保障城市应急供水的安全。应急供水不同于平时的供水工作,平时供水有相对稳定的水源、有充足的时间去化验水体中的污染物种类和浓度、有科学的供水方案提供稳定的供水保障，而供水突发事件多为偶然发生的、具有不可预见性，并且问题较复杂，进入水体的污染物种类和浓度不确定，无法快速并有针对性地对水体进行净化，给应急供水造成困难。应急供水没有时间可供选择，在接到供水突发事件报警时必须迅速做出供水方案。因此，建立一套与城市化快速发展相匹配，与经济社会可持续发展相协调的城市供水应急管理体系，是城市水务工作的当务之急。开展城市供水安全研究工作，是解决城市应急供水问题的最根本措施之一，不仅能够有效地提高城市供水的安全保障率，缓解城市应急供水短缺压力，而且有利于城市社会经济的稳定发展，具有巨大的社会效益。

因此，如何预防由极端天气和突发事件引起的城市供水不安全问题，已成为当前重要而紧迫的任务。通过研究我国城市水资源管理薄弱环节和供水不安全因素，有效地推动我国城市供水科学管理、量化管理和动态管理水平的提高，缓解城市应急供水矛盾，为我国城市供水安全和可持续发展提供强有力的保障。

1.2　国内外研究概况

城市供水预报及应急调度技术作为一个整体系统目前在国内外的研究较少，但对于涉及城市供水预报及应急调度的一些基础技术，国内外有一定程度的研究成果，部分技术已经比较成熟，如城市主要取水水源水库来水预报、地下水开采量预报等。而关于城市应急调度中的预警技术研究，国内外研究还处于空白状态，成熟的预警理论偏重于军事、经济、环境、干旱等领域。

1.2.1　城市供水预报

作为城市供水中最重要的水源之一，水库由于水量、水质稳定，开发利用方便等优点，一直备受人类的关注，水库来水量的预报最先得到了国内外研究学者的青睐，如径流的长期预报、汛期的洪水预报和枯季径流预报在国内外都进行了大量的研究实践，理论方法众多。

1.2.1.1　径流的长期预报

我国径流的长期预报是由我国气象学家涂长望先生在20世纪30年代开创的。新中国成立后，我国的中长期水文预报步入了快速发展的新时期，尤其是最近10年来各流域机构争相积极开展中长期水文预报方面的研究和试点工作，使预报方法不断完善，思路更为开阔。中长期水文预报方法主要有水文统计法、成因分析法、小波分析法、人工神经网络法、混沌理论方法、灰色系统分析法、模糊分析法、支持向量机法以及在此基础上通过相互融合与创新而产生的众多新方法，如混沌小波神经网络法、灰色混沌神经网络法等。

1.2.1.2　汛期的洪水预报

早在一千多年前，我国就开始了洪水预报，那个时期的水文预报仅限于定性描述和粗略预测；1949年中华人民共和国成立以来，中国的水文预报工作得到了快速发展，20世纪50~60年代期间，中国向苏联、美国学习洪水预报的方法，为以后我国水文预报工作打下了良好基础；70~80年代，开始研究不同流域的降雨径流关系，与此同时，还进行了不同流域的水文模型和洪水预报方法研究和应用;到90年代,计算机技术开始在水文预报流域得到应用推广,水文模拟技术不断提高,中国的水文预报方法、理论及预报系统有了大大的提高。

目前,分布式水文预报模型和缺乏资料地区水文预报技术研究都有了显著的发展。如司伟等采用基于动态系统响应曲线的一种方法对水文预报误差进行修正,以提高实时洪水预报的精度;张建云等对我国的洪水预报系统分四个阶段进行了阐述,并且针对第四个阶段的水文预报系统的主要功能和开发技术进行了详细描述;张俊等探讨了大气水文耦合模式在洪水预报中的应用研究,并提出应用此模式时重点要提高降水的预报精度;崔春光等以湖北省的漳河水库为研究对象,在降雨量一定的情况下,采用中尺度模式的降雨信息作为洪水预见期内的降雨,对流域内汛期的洪水过程进行了预报测试,结果表明采用中尺度的模式信息对预报精度有明显提高;刘战友等采用新安江模型和LL-II模型分别对增江流域进行洪水预报研究;赵君等以洛河上游的卢氏流域为研究对象,采用改进的TOPKAPI模型进行洪水预报;庄广树采用改进的HBP模型,应用地貌参数法,分析和研究了缺乏资料或无资料地区的洪水预报问题;许继军等利用基于GIS的分布式水文模型,对三峡区间入库洪水进行了模拟,模拟结果表明降雨信息全的洪水过程模拟精度较好,降雨信息缺失的洪水过程模拟效果不好,由此说明降雨信息是否完整是研究洪水预报不确定性的主要因素;狄艳艳等采用基于粒子群算法的BP算法,对渭河下游临潼至华县段建立了人工神经网络模型。用1980~2005年洪水系列进行参数率定,对2006~2009年洪水进行模拟,结果表明建立的模型适用于该区间的洪水预报;宋亚娅等针对沙子岭流域分析了降雨径流模型的实际应用效果,并采用卡尔曼滤波方法对预报结果进行校正,结果表明模拟效果较好;王光生等分析了涨落差法的原理,通过在洪水预报中的应用,总结了该方法的优缺点,优点是实用性强且预报精度较高,缺点是误差累积。

1.2.1.3 枯季径流预报

我国河川径流量时间分配不均匀,丰、枯季河流来水量差异巨大。而城市供水却需要一个稳定的供水过程,在最不利的枯季,河川径流量是否可以满足城市供水需要是各国水利工作者都需要考虑的问题。枯水研究在国外发展较早,可追溯至100多年以前Dausse对基流退水的描述,1953年Riggs首次把基流与枯水两者严格地区分开来,利用前期基流量和洪峰流量预测枯水期流量,枯水研究成为一个正式研究主题。枯季径流预报问题一直是水文方面研究的热点问题之一,我国学者对其进行了多方面的研究。

国内最早的研究可追溯到1959年赵人俊对枯水的研究,此后研究进展缓慢,但自20世纪七八十年代以来,由于枯水期河流断流、地面沉降、咸水入侵等环境问题日益突出,国内开始大规模地开展对枯水的研究。汤成奇等(1985年)对新疆枯水径流进行了研究,总结了影响新疆枯水径流的影响因素;李秀云等(1999年)研究了降水量、土壤、植被、地形以及地质岩性等对河川枯水径流的影响;谢永玉等以贵州省乌江水系为研究对象,采用5种分布函数计算频率,并用概化的罗枝斯蒂(GLO)分布为区域的统一分布线性,利用指标洪水法对其进行了枯季径流的频率分析,结果显示GLO分布能取得较好的模拟精度;顾颖等对我国主要江河的近60年枯季径流系列进行了分析,并对1980年前后两段时期的枯季径流做了对比,揭示了气候变化对枯季径流的影响;薛显武等根据喀斯特流域地形、地貌对枯季径流的影响,分析了枯季径流的衰退规律,并计算了相应的衰减系数,为缺资料或无资料地区水文模拟提供了基础;杨德文等分析了玛纳斯河流域的枯季径流消退的速度及规律随季节不同而具有不同的特点;郝庆庆等利用 Depuit-Boussinesq 退水方程对贵州喀斯特流域的枯季径流消减规律进行了探讨,分析发现地形指数与消减指数成正比,消减指数与基流指数成反比,地形和地貌决定了径流的成分、退水速度及时间;张艳玲探讨了千河流域的枯季径流演变规律,并在此基础上建立了枯季月径流预报方案,为合理调度水库水量和流域水资源分配提供了科学依据;葛新娟等以天山北坡主要河流为研究对象,对其进行了枯季径流变化的分析和研究,提出了一些区域性的基本规律;史秀英以天山山区的四条河流的径流资料为研究对象,分析了它们各自的枯季径流基本特征和消减规律,结果表明每条河流之间枯季径流具有不同的基本特征和消减规律,同一条河流的不同时期也具有不同的消退速度。

1.2.2 预警及其应用

预警(Early-warning)最早源于军事,是指敌人的进攻信号可以通过预警雷达、预警飞机、预警卫星等工具被提前发现、分析和判断,并向指挥部门报告这种进攻信号的威胁程度,以提前采取相应措施。

预警系统是指为了尽早地发现突发公共事件发生的时刻,通过建立一些用来判断突发事件来临的信号,这些信号与突发事件之间具有关系,突发事件的风险源和毁坏程度通过信号反映出来,通过对信号的监测来判断突发事件的发生时间,以便及早向有关用水单位或者个人发出警报,及时采取行动处理供水突发事件造成的影响。预警系统不仅仅是一个监测风险的系统,同时还提供及时有效的信息以影响相关社会机构部门根据不同程度的风险做出相应的应对措施。任何一个有效的预警系统由五个相互关联的部分组成,包括预测、判断、交流、回应及检查。

在过去的几十年里,预警的应用范围扩展到国民经济社会的各个领域。如对宏观经济预警、财务预警、地震预警等。而在水利领域预警技术主要是应用在了干旱预警、突发水污染事件预警、城市供水系统风险预警及其他方面的预警。

1.2.2.1 干旱预警

对干旱进行预警,首先要分析历史上发生干旱的成因和规律;然后选取预警指标;其次根据选取好的预警指标来监测研究区域的水文、土壤、气象等因素的变化,进而可以尽早发现各个时段干旱发生的时刻;最后再通过与未来天气气象的变化进行结合,预测干旱在将来某一时段内发生的时间、范围和强度,并通过发布系统把不同阶段的预警信息发布出去,为决策部门制定抗旱措施和组织救灾提供依据。

在国外,开展干旱预警研究主要采用马尔可夫链转移概率和统计模式,运用与降雨有关的因子、帕尔默(Palmer)干旱指数及标准降水指数。Kumar 采用播种延迟日期、月降水量、月降水日数等因子建立了农业干旱预警系统预测珍珠粟的产量。该系统模型在作物收获一个月前和作物即将收获的时候分别建立多元线性回归模型 IW 和最终预警模型 FW 进行估测作物产量,采用 1988~1991 年的数据对模型进行验证,结果表明绝对误差分别是 18.5%与 11.2%;Kumar 在 2009 年对上述模型做了改进,改进后的模型采用生长季的累计土壤湿度指数、8月的降水日数及延迟的播种期日数建立逐步回归方程,预测结果显示,改进后的模型能使预测误差降到13.7%;Paulo分别运用均一和非均一马尔可夫链转移概率模型对月尺度发生的干旱进行了预测,特别是非均一马尔可夫链转移概率模型更能较好地反映气候对干旱的影响;美国的V.K.Lohani等采用非均一马尔可夫链转移概率模型对弗吉尼亚干旱进行了预警,为决策部门提供了参考;Jayaraman主要利用通过卫星遥感监测到的像海面温度、云量、风速等结果,构建了精确的季风预警模型,进而可以对由季风引起的干旱进行预警。

在国内,徐启运在通过分析我国对干旱预警现状的基础上,并结合国家预警体系的建设,把干旱预警等级划分成4级,同时把我国划分成特别干旱、重大干旱和一般干旱3类预警区。把年降雨量小于400 mm的西部地区划分为特别干旱区,中部为重大干旱区,东部沿海为一般干旱区;顾颖等建立了包括面均雨量、作物综合缺水率和粮估计减产率、主要控制站流量的干旱预警指标体系,在预警农业干旱时采用以干旱风险技术为核心的干旱预警系统可以得到不同时段不同程度干旱发生的概率,而后再采用马尔可夫链,可以得到各个时段的干旱转移概率的稳定情况;王让会等在3S的技术支持下,通过研究自然灾害的孕灾机制和过程,在此基础上构建了监测评价自然灾害的预警系统,分析了造成灾害的因素、环境和一般的孕灾模式;李凤霞等在分析土壤含水量、降水量、温度及将来降水趋势等影响因素的基础上,构建了干旱预警的经验模式;杨启国等基于农田水量平衡原理,结合田间试验资料,建立了旱作小麦农田干旱监测预警指标模型,结果表明,只要获得同期降水量、土壤水分变化和农田实际蒸散量的计算公式,构建作物的旱情指标预警模型,然后通过模型监测预警作物的旱情;席北风等构建了综合干旱指数模型,并制定了预警标准,进而监测预警旱情;景毅刚等首先计算土壤含水量,再结合土壤田间持水量、容重等得到土壤相对湿度,最后对干旱等级进行了划分,为预警未来干旱的程度提供了参考;杨永生等根据干旱预警指标和土壤水分平衡理论,建立了干旱监测预警模型;陈艳春等利用气象要素通过统计方法预测干旱强度,当地后期的干旱强度根据各地区降水量预报值预测,从而进行预警农田干旱强度;张文宗等以遥感监测为基础,在监测当前土壤水分的基础上,把未来预警期内的降水量和最高气温变成一定量的土壤水分含量,构建经验模型,而后通过模型把降水量和气温的预报值转化为土壤湿度,进而开展对干旱的预警;杨荣光等对农机技术、生物、地膜覆盖技术进行了总结;祝新建等通过利用预警信息开展包括有限灌溉、秸秆覆盖等的抗旱技术服务。

1.2.2.2 突发水污染事件预警

随着2005年11月松花江水污染造成哈尔滨近400万居民停水4 d;2006年5月,南京城西茶亭东街直径为1 000 mm的自来水主干输水管发生爆裂,部分住户受淹,受淹区域停水2 d;2006年5月,太湖暴发大规模蓝藻事件,自来水水源地水质受到严重污染,无锡市出现70%的城市居民饮用水困难。突发性水污染引起的供水突发事件也被各国政府部门重视起来。

突发水污染事件预警技术在国外的研究相对较多,Asa Scott建立了环境事故指数模型,该模型主要针对突发性化学污染,先将影响事故后果的各因素进行分级,然后运用该评价模型识别事故造成的后果和快速半定量分级;Jenkins深度分析了历史数据中较丰富的几个信息,分析潜在可能发生的事故都具有的相似信息,并以某几次漏油事故为标准,对所有可能发生的事故进行生态和经济损失评估,得到相对的损失评估值。美国、英国和法国分别在密西西比河、特棱特河和塞纳河建立了各自的预警系统;在德国、奥地利等9个欧洲国家的相关政府部门和研究机构,开发了“多瑙河突发性事故应急预警系统”,该系统从开始运行,经过不断的更新和完善,现在已成为多瑙河突发事件的应急响应和风险分析的工具。

在国内这方面的研究内容较少,在应急机制研究中其作为一部分内容,还有待进一步深入探讨。2003年初,开展了“城镇供水安全保障及应急体系研究”,主要是研究组织管理框架和预案;2006年环境保护部启动了“松花江水污染事件生态环境影响评估与对策”项目,针对应急供水设置了“沿江集中式供水应急净化技术与关键设备研究”课题;2006年,建设部开展了“城市供水系统应急技术研究”;2008年,科技部启动了863项目“重大环境污染事件应急技术系统研究开发与应用示范”。

1.2.2.3 城市供水系统风险预警

研究城市的供水系统发生突发事件的风险问题,早在20世纪70年代就开始了对该问题的研究。早期的研究成果主要集中在洪灾、干旱等自然灾害方面,而人为破坏引起的供水系统突发事件很少被涉及。随着“9·11”恐怖袭击事件的发生,各国开始把人为破坏作为引起供水突发事件的另一个重要因素。美国是最早研究城市供水安全的国家,1974年为了要求各州对水源地的脆弱性进行评价,制定了《安全饮用水法案》(13010),用来确定隐藏的污染源和水源遭受污染的概率。

城市供水系统的风险评价由定性评价发展到了定量的评价,就目前情况来看,城市供水系统风险评价处在半定量评价阶段。其中,水司风险评价方法是城市供水系统使用最广泛的风险评价方法。定性风险分析法是指根据经验来确定风险发生的可能性及可能产生的影响,并根据分析结果做出合理的措施以减少供水风险。除一些常用的方法(如失效模式与效应分析、主观估计法、原因后果分析等)外,还有一些专用的分析方法,主要有安全脆弱性自我评价指导、脆弱性自我评价工具、脆弱性自我评价方法、面向对象的风险分析方法等。半定量的风险评价方法首先要有风险的数量指标,然后分别给事故发生概率和造成的相应后果赋一个权重,最后通过加和除的方法把两者结合起来,形成一个相对风险指标。目前,半定量化风险评价法除了一些常用的方法比如专家打分法、层次分析法等,还形成了一些专用的分析方法,如前面提到的水司风险评价法、公共事业单位脆弱性评价工具、威胁和脆弱性综合评价程序等。定量分析方法主要以故障树和事件树为工具,该方法需要完整的原始数据、精确的数学模型以及合理的分析方法等,通过对事故发生概率和事故造成的后果严重程度进行计算,从而实现城市供水系统风险的定量化评价。

我国开展城市供水系统风险评价工作起步较晚,主要是引进国外成熟的一些经验和理论。如钱家忠等就供水水源地水质进行了城市供水系统风险分析;牛宝昌等就水资源系统地下水和地表水联合调蓄方案进行了风险分析;刘中培等针对水资源供需不平衡进行了供水风险分析;韩宇平等针对区域供水短缺进行了供水系统风险分析。对于配水系统风险评价的研究有:吴小刚等在最小割集理论基础上,构建了给水管网系统的故障风险评价模型,并通过实例验证了模型;鲁娟在对给水管网脆弱性分析的基础上,组建了给水管网评价指标体系,初步探讨了给水系统风险评价。对整个城市供水系统风险评价来说,主要研究有:李景波等根据风险的定义,对城市供水风险的概念进行了分析,并且对其进行分类;朱婷等梳理了风险分析与城市水系统可持续性的关系,对风险分析在城市水系统中的应用进行了综述。

1.2.2.4 其他方面的预警

其他方面的预警主要包括城市供水管网爆管预警研究、供水系统监测站的优化布置研究等。

徐玉岩等利用城市供水管网爆管预警模型将管网状态分为正常状态和爆管状态,利用贴近度的概念来进行判别,贴近度最小的点为爆管预警点;何芳等针对爆管事故前控制引入风险管理方法,提出了爆管风险预警的技术路线;针对爆管事故后处理提出了爆管点快速定位技术路线,并进行了实际管网模拟试验;王玲玲等利用地理信息系统(GIS)为基本框架,加载管网基本属性及供水系统运行数据,采用生存分析和贝叶斯定理建立爆管模糊预测模型,模拟爆管状态预警。方海恩等对给定数量的监测站,以检测到各污染源节点所需总体事件最短为目标,采用0-1证书规划法来对其进行优化布置;刘征等根据平均预警时间最短原则构造优化目标函数,利用0-1整数规划对指定数量的监测站进行优化选址,对选址准则函数进行了理论分析和试验研究,提出了合理确定监测站数量的方法。

1.2.3 供水应急调度

供水应急调度是指在发生供水风险时,为了满足城市用水户对水量、水质及水压的要求,做到具备尽量多的水源、尽量大的取水能力和净水能力、尽量合理的输配水管网,在最大限度上满足城市居民的生活用水及主要的生产部门用水需求的一种紧急供水调度行为。

我国城市供水应急预案制度初步建立,但是目前我国还没有设立专门的供水应急系统,以应对由突发水污染事故、自然灾害等造成的影响,应急能力依然十分薄弱。主要表现在:①应急责任不明确;②预案制度不完善;③缺乏应急信息支持系统、应急监测援助系统、应急物资储备系统、应急设施保障系统、应急供水大型装备和专业化应急队伍,达不到快速响应和迅速供水的应急需求。但随着灾害应对机制不断完善,供水应急系统会逐渐被建立起来。但是也有一些相关方面的研究成果。邵新民等设计了4类地下水作为应急水源,并以浙江省为例,探讨了建立应急供水水源地的必要性和可行性,最后提出了有关实施应急供水系统的一些若干问题的意见;戴长雷等根据长春市的水资源状况,分析了在长春市遭遇供水突发事件时应急水源对保障长春市供水的可持续时间,从而得到地下水应急水源能提供相当可观的应急水量,在一段时间内可以缓解用水危机;孙成训等针对佳木斯市的供水结构不合理,选定格节河水库为应急备用水源,分析了水库在应急状态下供水能力;尹政等为甘肃省的62个城市规划了66处应急水源地,并分析了在应急状况下的可开采量;赵志江等通过分析造成城市应急供水的原因,从选择应急备用水源和建设应急管理体系着手,构建了城市供水应急保障体系的框架;王洋等选择广东省东莞市为研究对象,重点分析了确定城市应急备用水源的需求和规模的方法。

综上所述,已有的研究成果存在以下四方面的特点:①径流的长期预报、洪水预报和枯季径流预报研究较多,但与“供水”有关的研究不多,而且研究主要是针对供水水源、供水系统风险和供水管网爆管进行研究;②已有的研究成果都是针对某一方面的预警,比如说干旱预警,把自然灾害和人为灾害造成的供水突发事件联合起来预警的研究很少;③城市供水应急调度研究偏重于应急水源的研究,没有考虑整个供水系统的最优问题;④缺乏针对性和可操作性。有些研究对灾害预防考虑不够、对灾害发生后应急响应的针对性和可操作性技术措施、组织保障等考虑还不周全。

1.3 研究内容与技术路线

1.3.1 研究内容

本书通过收集、整理国内外相关文献,对城市供需水情势预报技术、城市供水应急预警技术、城市供水应急调度技术等进行了研究,具体内容包括以下七方面:

(1)绪论。阐述研究背景和研究意义,综述城市供水预报、预警及其应用、供水应急调度三个方面的研究进展情况,从而确定研究内容及技术路线。

(2)了解城市供水预报与应急调度理论基础。包括供水预报方法,城市供水突发事件的分类、分级,预警组成、预警级别及信息发布,城市供水应急预案,供水应急调度措施。

(3)城市枯季供需水预报技术。包括枯季径流预报、枯季地下水可开采量预报、枯季需水预报、城市枯季供需水情势预报,为城市枯季供水应急预警打好基础。

(4)城市供水应急预警技术。包括城市供水安全实时预警等级与发布流程、预警指标及预警标准。

(5)城市供水应急调度技术与应急管理系统。包括应急调度网络图的绘制及应急调度模型的构建、系统需求分析、系统总体框架、系统数据库的设计与建设、系统详细设计与主要功能。

(6)以安阳市为例。将上述研究理论应用在城市供水预警的具体实践中,给出城市供水预警方案,预警结果。

(7)结论与展望。对全书研究成果进行归纳总结,找出存在的问题以及需要进一步开展的工作。

1.3.2 技术路线

本书不仅具有理论方法,而且具有较强的实践操作意义。首先,通过收集、整理国内外相关文献,对供水预报、预警及应急调度在各个领域的应用研究进行了探讨分析;其次,对城市供水预报与应急调度理论基础、城市供需水情势预报技术、城市供水应急预警技术、应急调度技术等进行构建、分析;最后,以安阳市为例,建立城市应急供水预警模型,给出供水预警方案及结果。具体技术路线见图1-1。

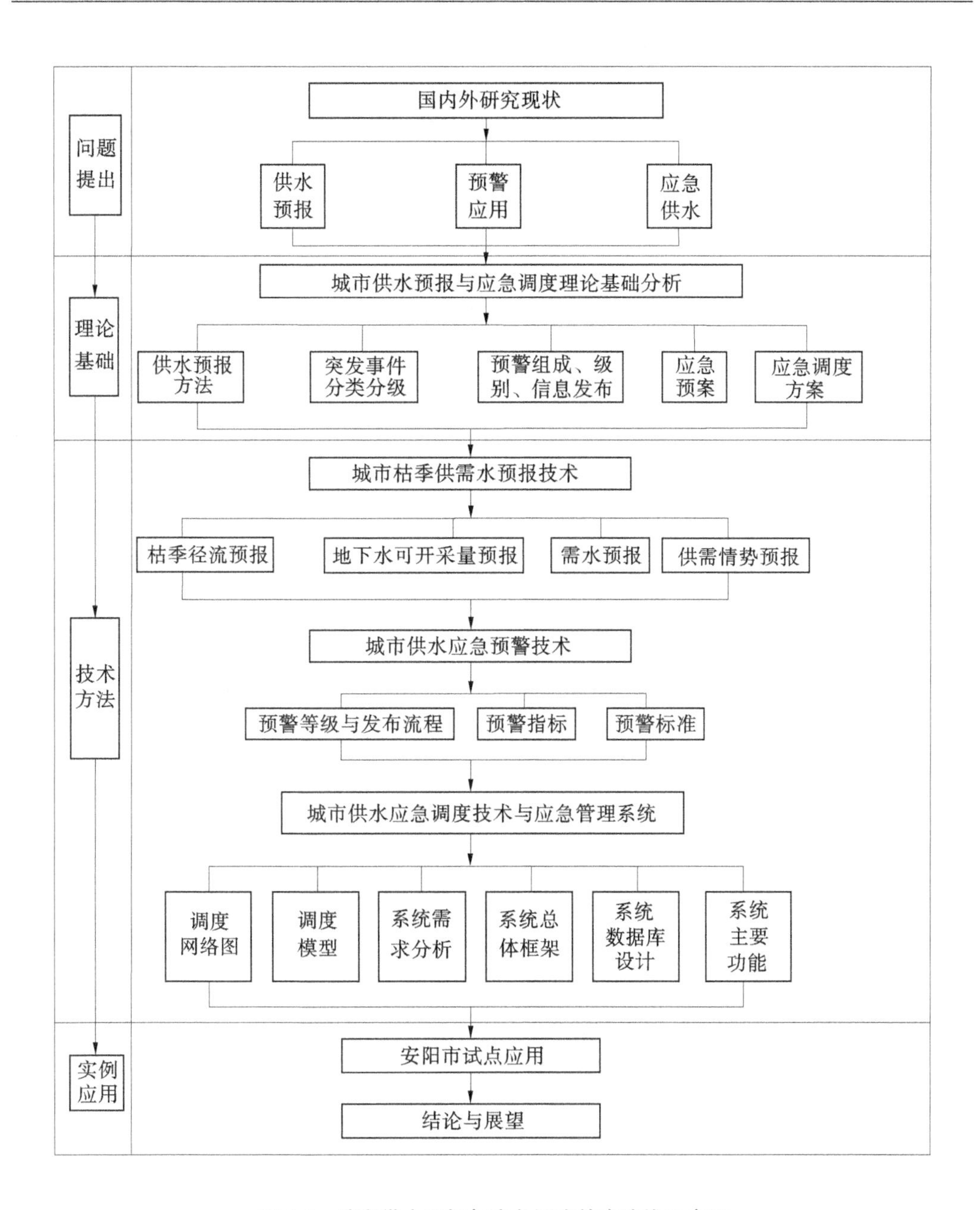

图1-1 城市供水预报与应急调度技术路线示意图

第2章 城市供水预报与应急调度理论基础

本章主要针对城市供水预报与应急调度关键技术研究的基础加以提炼总结,以便为后文的理论研究和方法可操作性的证明做好铺垫。从供水预报方法到城市供水突发事件分类分级,再到预警组成、预警级别及信息发布,逐步将城市供水预报与预警联系起来,再结合应急预案、应急调度措施为本书打好研究基础。

2.1 相关概念

2.1.1 城市

城市是以非农业产业和非农业人口集聚形成的较大居民点(包括国家行政建制设立的市、镇)。一般而言,城市是指人口集中、工商业发达、居民以非农业人口为主的地区,通常是周围地区的政治、经济、文化中心。

2.1.2 突发事件

突发事件又称危机,是指突然发生造成的人员伤亡、财产损失、生态环境的破坏及对社会稳定和政治安定造成紊乱,有重大社会危害需要政府立即处置的危险、紧急事件。

2.1.3 城市供水安全

城市供水安全是指城市供水能满足城市的居民生活、工业、农业及消防等各行业对水量、水质及水压的要求,同时具备充足的水源、足够的取水和净水设施及合理的输配水管网,在供水过程中做到安全、可靠及合理。

2.1.4 供水预报

供水预报是指根据目前已经掌握的资料、数据,推求未来一段时间内或某一时刻的区域供水量。

2.1.5 枯季径流

枯季径流主要指汛末到来年汛前这段时间内滞留在流域的蓄水量和这段时间内流域的降水量。主要特点是消退过程比较稳定,流域面积、蓄水能力与蓄水量消退时间三者成正比。

2.1.6 预警

预警是指在突发事件发生之前,在总结历史突发事件和观测到的可能引起突发事件发生前兆的基础上,及时向相关部门发出警报,采取相应措施应对突发事件造成的影响,最大限度地降低突发事件所造成的损失。

2.1.7　应急预案

应急预案是指通过分析判断突发事件的种类、级别、影响范围,以采取相应的有效措施来减轻事件中不良的后果,使损失降到最低。

2.1.8　应急调水

应急调水就是指在发生严重干旱或持续干旱或突发供水事件造成的用水紧缺而实施临时性的应急水量调度,来缓解由于缺水造成的对城市生活、生产的损失。

2.2　供水预报方法

2.2.1　洪水预报方法

目前,我国洪水预报的方法有两种:一是实用水文预报方案,二是流域水文模型。

2.2.1.1　实用水文预报方案

实用水文预报方案主要包括降雨径流经验相关图法、相应水位法、合成流量法、水位涨差法等。下面就每种方法具体介绍一下。

1. 降雨径流经验相关图法

该方法是建立降雨量 P 与径流量 R 以及影响降雨产流的因素之间的经验相关图。在该方法中影响降雨产流的因素主要包括前期土壤含水量 P_a、降雨历时 T、季节等。

$$R=f(P,P_a,T,\text{季节}) \tag{2-1}$$

常用的是四变量相关图:

$$R=f(P,P_a,T) \tag{2-2}$$

在实际工作中,常把 P_a 作为参变量,即

$$R=f(P,T) \tag{2-3}$$

2. 相应水位法

相应水位法是大流域的中下游河段广泛采用的一种实用方法。它根据天然河道洪水波运动原理,在分析大量实测的河段上下游断面水位过程线的同位相水位之间的定量关系及其传播速度的变化规律的基础上,建立经验相应关系,据此进行预报。

$$Z_{\text{下},t+1}=f(Z_{\text{上},t}) \tag{2-4}$$

式中:$Z_{\text{上},t}$ 为上游断面同位相 t 时刻水位;$Z_{\text{下},t+1}$ 为下游断面同位相 $t+1$ 时刻水位。

该方法适用于无支流或支流水量小的有支流河段。有时为了提高预报精度,需要考虑下游站前一时段水位($Z_{\text{下},t}$)、上游区间合成流量($\sum Q_{\text{区间}}$)及区间平均降雨量($\overline{P}_{\text{区间}}$)的影响。

$$Z_{\text{下},t+1}=f(Z_{\text{上},t},Z_{\text{下},t}) \tag{2-5}$$

$$Z_{下,t+1}=f(Z_{上,t},\sum Q_{区间}) \tag{2-6}$$

$$Z_{下,t+1}=f(Z_{上,t},\overline{P}_{区间}) \tag{2-7}$$

3. 合成流量法

合成流量就是同时达到下游断面的各上游站相应流量之和。在有支流河段，若支流来水量大，干、支流洪水之间干扰影响不可忽略，此时，用相应水位法常难取得满意结果，可采用合成流量法。

$$Q_{下,t+1}=f(\sum Q_{上,t}) \tag{2-8}$$

$$Z_{m}=f_{1}(\sum Q_{上,t}) \tag{2-9}$$

式中：$Q_{下,t+1}$ 为下游预报流量；$\sum Q_{上,t}$ 为上游合成流量；Z_{m} 为下游洪峰水位。

4. 水位涨差法

利用河道的水位或者流量的涨落差建立相应关系：

$$Z_{t}=f(Z_{t-1},K) \tag{2-10}$$

$$Z_{t+1}=f(Z_{t},\Delta\sum Q_{t-\Delta t}) \tag{2-11}$$

式中：K 为水位变幅的比值；$\Delta\sum Q_{t-\Delta t}$ 为上游合成流量 Δt 时间内的变差；Z_{t+1}、Z_{t}、Z_{t-1} 为同相位不同时刻河道水位。

2.2.1.2　流域水文模型

我国所采用的水文预报模型主要有我国自行研制的新安江模型、双超产流模型、河北雨洪模型、姜湾径流模型、双衰减曲线模型等，从国外引进的模型主要有水箱模型、萨克拉门托模型、SMAR 模型，以及改进的国外模型，如连续 API 模型、SCLS 模型和 NAM 模型。

2.2.2　枯季径流预报方法

枯季径流预报方法主要包括退水曲线法、前后期径流(量)相关法、回归分析法、数理统计法、模糊数学法、灰色系统法及人工神经网络，每种方法的具体预报原理在第 3 章 3.1 节中介绍。

需要说明一点：本书主要是针对“水少”来分析的，也就是供水量能否满足城市生活、生产的需水量，认为“水多”对城市供水来说是件好事，而且防汛抗旱管理部门来负责由于“水多”造成的影响，在此不作为本书的研究内容，所以本书把枯季径流预报作为研究重点，不考虑洪水预报，只是做一下介绍。

2.3　城市供水突发事件的分类、分级

2.3.1　城市供水突发事件分类

城市供水突发事件分为三类：自然灾害、工程事故、公共卫生事件。

2.3.1.1　自然灾害

(1)连续出现干旱年，地表水源水位持续下降，取水设施无法正常取水，导致城市供

水设施不能满足城市正常供水需求;地下水位大幅度下降,导致地下水开采量锐减甚至出现城市供水设施断供、停供等。

(2)地震、台风、洪灾、滑坡、泥石流等自然灾害导致城市供水水源破坏,输配水管网破裂,输配电、净水工程和机电设备毁损等。

2.3.1.2　工程事故

(1)战争、恐怖活动等导致城市供水水源破坏,取水受阻,泵房淹没,机电设备毁损等。

(2)取水水库大坝、拦河堤坝、取水管涵等发生垮塌、断裂致使城市水源枯竭,或因出现危险情况需要紧急停用维修或停止取水。

(3)城市主要输供水干管和配水管网发生爆管,造成大范围供水压力降低、水量不足甚至停水,或其他工程事故导致供水中断。

(4)城市供水消毒、输配电、净水构筑物等发生火灾、爆炸、倒塌、液氯严重泄漏等。

(5)城市供水调度、自动控制、营业等计算机系统遭受入侵、失控或毁坏。

2.3.1.3　公共卫生事件

(1)城市水源或供水设施遭受有毒有机物、重金属、有毒化工产品或致病源微生物污染,或藻类大规模繁殖、咸潮入侵等影响城市正常供水。

(2)城市水源或供水设施遭受毒剂、病毒、油污或放射性物质等污染,影响城市正常供水。

2.3.2　城市供水突发事件分级

城市供水突发事件按供水重大事件可控性、影响城市供水居民人口数量和供水范围的严重程度可分为Ⅰ级、Ⅱ级、Ⅲ级和Ⅳ级预警,分别对应特别严重、严重、较重、一般。

2.3.2.1　Ⅰ级供水突发事件

凡满足下列条件之一且48 h以上不能恢复供水的,为Ⅰ级供水突发事件:

(1)受影响居民人口在40万人以上或占城市居民总人口的40%以上。

(2)受影响的供水范围占城市总供水范围的50%以上。

2.3.2.2　Ⅱ级供水突发事件

凡满足下列条件之一且48 h以上不能恢复供水的,为Ⅱ级供水突发事件:

(1)受影响居民人口在30万~40万人或占城市居民总人口的30%~40%。

(2)受影响的供水范围占城市总供水范围的40%~50%。

2.3.2.3　Ⅲ级供水突发事件

凡满足下列条件之一且48 h以上不能恢复供水的,为Ⅲ级供水突发事件:

(1)受影响居民人口在20万~30万人或占城市居民总人口的20%~30%。

(2)受影响的供水范围占城市总供水范围的30%~40%。

2.3.2.4　Ⅳ级供水突发事件

凡满足下列条件之一且48 h以上不能恢复供水的,为Ⅳ级供水突发事件:

(1)受影响居民人口在10万~20万人或占城市居民总人口的20%~30%。

(2)受影响的供水范围占城市总供水范围的20%~30%。

2.4　预警组成、预警级别及信息发布

2.4.1　预警组成

(1)水源地来水预警。根据当地水文、气象和自然地理条件,通过城市供水监测系统提供的实时监测信息,对城市供水水源地来水量与水质进行实时诊断和预测,并在水量与水质出现或可能出现异常时及时发出警报或预警。

(2)城市供水预警。包括城市供水工程及运行异常预警和水厂、输配水管网水质及水压异常预警,实现对城市供水系统水量、水质和水压实时监测及运行信息实时查询功能,在出现异常时,应及时诊断并发出警报。

2.4.2　预警级别及信息发布

(1)根据城市供水突发事件分级,预警级别相应地划分为四级:Ⅰ级、Ⅱ级、Ⅲ级和Ⅳ级,分别用红色、橙色、黄色和蓝色表示。

(2)预警信息主要包括预警的级别、类别、起始时间、可能影响范围、危害程度、紧急程度和发展态势、警示事项以及应采取的相关措施和发布机构等。

(3)依据预警级别的划分标准,以及监测和巡视检查结果,规定预警信息的发布条件、时间和范围。

(4)应规定预警信息上报和通报的内容、范围、方式、程序、频次和联络方式等。

(5)应规定预警信息发布网络,绘制流程图。

2.5　城市供水应急预案

2.5.1　应急预案的编制

为确保供水工作在应急情况下各职能部门正确履行职责,使应急供水工作快速启动,及时、有序、高效、妥善地运转,处置突然发生有可能影响或已经影响城区人民群众生产生活的供水重大事故,最大限度地减轻各种灾害和事故造成的影响,维护社会稳定,促进经济发展,根据《中华人民共和国宪法》《中华人民共和国水法》《中华人民共和国水污染防治法》《中华人民共和国突发事件应对法》《中华人民共和国安全生产法》《中华人民共和国抗旱条例》《国家安全生产事故灾难应急预案》《国家突发公共事件总体应急预案》《国家突发环境事件应急预案》《国家防汛抗旱应急预案》《城市供水条例》《饮用水水源保护区污染防治管理规定》《生活饮用水卫生监督管理办法》以及水利部《重大水污染事件报告暂行办法》等相关法律、法规及城区供水实际情况,编制城市供水突发事件应急预案。

城市供水突发事件应急预案主要包括组织指挥体系及职责、预警和预防机制、应急响应、后期处置、保障措施及监督管理等六部分。一般应急预案也分级,和供水突发事件级别相对应,分别为Ⅰ级、Ⅱ级、Ⅲ级和Ⅳ级应急预案,分别对应特高级、高级、较高、一般。

2.5.2　应急预案的启动

预警信息发布后,应根据预警级别,明确事件的通知范围,立即启动相应级别的应急预案。应向应急组织说明事故发生的地点、事故现场状况、现场即时处理措施等,并说明需要救援的内容:如政府部门现场紧急协调、公安部门紧急围控(安全警戒)和协助居民疏散、消防紧急布控(消防人员数量、消防车类型、人员救护所需设施等的增援)、医护现场救护、交通管制区域及方位等。同时,应建立城市供水突发事件应急决策和专家会商制度。其中Ⅰ级、Ⅱ级应急预案应由应急指挥机构直接启动;Ⅲ级和Ⅳ级应急预案应通过会商后由应急指挥机构启动。

2.5.3　应急预案的终止

只有在下述几方面的工作完成之后才能确定事故应急救援工作结束:

(1)造成事故的各方面因素,以及引发事故的危险因素和有害因素已经达到规定的安全条件,生产、生活恢复正常。

(2)在事故处理过程中,为防止事故次生灾害的发生而关停的水、气、电力及交通管制等恢复正常。

事故应急救援工作结束后,经对现场进行检测,确认造成事故的各方面因素,以及事故引发的危险因素和有害因素已经达到规定的安全条件,由事故应急领导小组下达终止事故应急预案的指令,通知相关部门及地方政府危险解除,由地方政府通知周边相关部门和地区。

2.6　供水应急调度措施

2.6.1　工程措施

工程措施指的是在应急状态下,通过跨流域或跨行政区域应急调水、启动备用水源、中水应急回用、运用运水工具和贮水设备、社区自备水井、其他水源工程向用水户提供水量等。

2.6.1.1　水库之间协调供水

如果城市有多个水库供水,在应急期可以协调水库供水。

2.6.1.2　挖掘水库的供水能力

在遇到特枯水年或连续枯水年时,可以适当启用死库容的水量,用来保障居民生活、工业生产的最低用水需求。

2.6.1.3　适当加大开采深层地下水

在紧急缺水的状态下,可适当通过自备水井对深层地下水进行开采,以满足城市生活、工业、生态的需水要求。

2.6.1.4　在水质有保证的前提下加大力度开采浅层地下水

在枯水期,在保证水质达标的前提下适当对浅层地下水进行超采,等到丰水年时通过大气降水对超采区进行回补，或通过对地下水的回灌使浅层地下水得到恢复；另外，城市郊区的农灌机井，也可以用来作为临时应急备用水源。

2.6.2　非工程措施

非工程措施主要有各个机构部门之间的协商、协调各个用水户之间的紧急用水、临时对水价进行调整、实施奖惩办法等。主要从以下几个方面进行：

（1）根据供水的优先顺序，在水资源严重紧缺情况下实行控制性供水。

城市供水顺序为：城市居民生活最低用水水量首先要得到满足，工业用水排在第二位，农林牧渔的用水放到最后。在水资源紧缺情况下，除城市农作物用水要被削减外，建筑用水、洗车、洗浴等高耗水场所的用水还要受到严格控制。

（2）对工业用水来说要分轻重，重点部门用水量要得到保证，非重点部门的用水量要压缩。

当遇到连续枯水年或特枯水年时，通过开源后用水要求仍不能得到满足的情况下，这时就要求各个部门根据实际情况制订新的用水计划，重点部门、与人民生活密切相关的产业用水首先得到保证，其他不重要的部门用水都可以适当压缩，同时让高耗水行业停产。

（3）全方位地采取节水措施。

在非常时期，通过加大宣传力度，让公众都对缺水的紧急程度有所了解，从而使公众的节水意识得到提高；对用水量实行总量控制，对超标的用水单位或个人实施超额部分累进加价制度；大力推广节水器具，防止一切浪费水的现象发生；通过奖惩办法使单位或个人做到一水多用，对水质要求不高的设施、设备应充分利用回用污水或中水。

（4）应急期加强水资源的统一管理。

在应急期，要把区域之间、各企业事业单位之间、各用水户之间等供、用水关系协调好，水行政主管部门及相关部门要充分发挥其职能作用，加强水资源的统一管理，使有限的水资源得到科学合理的分配，充分发挥其作用。

2.7　本章小结

本章首先介绍了与城市供水预报与应急调度相关的一些名词，为后文做好铺垫；其次对供水预报方法从两个方面进行了介绍，包括洪水预报方法和枯季径流预报方法；然后阐述了城市供水突发事件的分类分级、城市供水系统预警的组成、预警级别及信息发布情况；再次，探讨分析了城市供水应急预案的编制、启动及终止；最后，从工程措施和非工程措施介绍了应急调度措施。

第 3 章　城市枯季供需水预报技术

我国绝大部分城市供水是以地表水供水为主，但受到河流径流丰、枯变化的影响，城市供水在枯季受到破坏的概率要远高于汛期。如何准确预报枯季河流来水量，是城市供水应急预警的重要基础之一。本章城市供需水情势预报目的是从宏观上掌握汛后到来年汛前（枯季或称非汛期）城市供需水形势，为城市供水安全预警和应急调度提供决策依据。

3.1　枯季径流预报

枯季径流预报的方法较多，有退水曲线法、前后期径流（量）相关法、回归分析法、数理统计法、模糊数学法、灰色系统法、神经网络算法等。卫金容利用退水曲线法对汉江中游区域枯季径流预报进行了研究；何振奇等利用三阶回归模型对冶河流域枯季径流预报进行了分析，预报合格率达到 89.3%；周长美等采用前后期径流（量）相关法对尼尔基水库枯季径流预报进行了分析，认为 10 月 31 日平均流量与 11 月至次年 3 月的径流量相关性较好，可用于尼尔基水库枯水期径流预报；李云生等以辽宁省朝阳市白石大型水库为例，应用前后期径流（量）相关法研究其枯季径流预报问题，预报精度高；鲁帆等研究了秩相关秩相似法在枯季径流预报中的应用，预报结果比较理想；杨绍琼研究了 ARIMA 模型在松华坝水库枯季入流预报中的应用，结果表明该模型能用于水文预报工作中；孙惠子等建立基于差分自回归移动平均（ARIMA）、人工神经网络（ANN）和多元线性回归（MLR）3 个单项模型的简单平均组合和最优加权组合预报模型，并将单项预报模型和组合模型应用到石羊河流域支流西营河的枯季径流预报中，结论表明最优加权组合模型的精度不但取决于各单项预报模型的精度，也与其之间的相关性有关，适合西营河枯季径流预报的最优加权组合模型是 ARIMA-MLR 和 ARIMA-ANN 组合模型；胡宇丰等采用逐步回归和自回归法组合建立了梧州站枯季径流预报模型，结果表明该组合方法在枯季径流预报中取得了较好的预报效果，可用于实际水文预报中；何万科采用灰色系统理论对千河枯水年进行了预报研究，从而为水库的优化调度提供了理论依据；赵全升等应用人工神经网络理论对黄河下游枯季径流预报进行了研究；车骞等应用人工神经网络理论对黄河源区枯季径流预报进行了研究；杨新华等研究了基于神经网络的洮河枯期径流预报模型，结果表明所采用的网络模型精度高。

3.1.1　退水曲线法

退水曲线法就是应用枯季径流退水规律，根据流域的前期河网蓄水量、前期径流量或前期流域降水量，预报河网枯季径流总量和径流过程。

假设枯季径流由河网补给，则

$$-Q_s = \frac{dW_s}{dt} \tag{3-1}$$

设河网蓄水量 W_s 与出流量 Q_s 之间呈线性关系，则有

$$W_s = k_s Q_s \tag{3-2}$$

式中：k_s 为地下蓄水量地下水补给之间的关系。

由式(3-1)和式(3-2)可得：

$$Q_{st} = Q_{s0} e^{-\frac{t}{k_s}} \tag{3-3}$$

式中：Q_{st} 为某河网退水开始后 t 时刻的地下水出流量，m^3/s；Q_{s0} 为某河网开始退水时地下水出流量，m^3/s。

则退水曲线可表征为

$$Q_t = Q_0 e^{-\beta t} \tag{3-4}$$

式中：Q_t 为退水开始后 t 时刻的地下水出流量，m^3/s；Q_0 为开始退水时的地下水出流量，m^3/s；β 为退水系数，$\beta = 1/k$，k 为地下水蓄量与地下水补给之间的关系。

用退水曲线法只能预报河道径流消退过程线，若要考虑预见期内流域降水对退水过程的影响，需要进行河道径流的修正。

3.1.2 前后期径流量相关法

前后期径流量相关法是退水曲线法的另一种形式，对式(3-4)积分，得

$$W_{0\sim t} = \int_0^t Q_0 e^{-\beta t} \tag{3-5}$$

即

$$W_{0\sim t} = \frac{Q_0}{\beta}(1 - e^{-\beta t}) \tag{3-6}$$

式中：$W_{0\sim t}$ 为开始退水到 t 时刻的蓄水量。

同理可得到开始退水到 t_1 和 t_2 时刻内的蓄水量、$t_1 \sim t_2$ 时刻的蓄水量，则

$$\frac{W_{t_1\sim t_2}}{W_{0\sim t_1}} = \frac{e^{-\beta t_1} - e^{-\beta_{t_2}}}{1 - e^{-\beta_{t_1}}} \tag{3-7}$$

当 β 为常数时，$\frac{W_{t_1\sim t_2}}{W_{0\sim t_1}} \approx$ 常数，前后期径流量可以近似认为是线性关系。

目前，前后期径流量相关法主要用于汛末后预报整个枯季的总水量，主要是用汛末月径流总量作为前期流域蓄水量指标，预报整个枯季径流总量。

3.1.3 回归分析法

回归分析法主要是通过建立预报要素与历史水文气象因子之间的经验关系，利用近

期已知水文信息,预报未知所需要素的方法。回归分析法中较常用的是一元线性回归和多元线性回归。

3.1.3.1　一元线性回归

一元线性回归主要是通过观测到的 N 组观测值(x_1, y_1),(x_2, y_2),…,(x_N, y_N),按照最小二乘法,求得一元线性回归方程 $y=b_0+ax$ 中,b_0 和 a 的估计值,得到 y 倚 x 的回归方程。

设一元线性回归方程为

$$y = b_0 + ax \tag{3-8}$$

按最小二乘法得到:

$$r = \frac{\sum_{j=1}^{N}(x_j - \bar{x})(y_j - \bar{y})}{\sqrt{\sum_{j=1}^{N}(x_j - \bar{x})^2 \sum_{j=1}^{N}(y_j - \bar{y})^2}} \tag{3-9}$$

$$\sigma_y = \sqrt{\frac{\sum_{j=1}^{N}(y_j - \bar{y})^2}{N - 1}} \tag{3-10}$$

$$\sigma_x = \sqrt{\frac{\sum_{j=1}^{N}(x_j - \bar{x})^2}{N - 1}} \tag{3-11}$$

则 y 倚 x 的一元线性回归方程为

$$y - \bar{y} = r\frac{\sigma_y}{\sigma_x}(x - \bar{x}) \tag{3-12}$$

3.1.3.2　多元线性回归

多元线性回归主要是解决因变量 y 和多个自变量 $x_1, x_2, \cdots, x_m$ 的多元回归问题。

如3个变量的直线相关问题,设多元线性回归方程为

$$z = a + bx + cy \tag{3-13}$$

通过最小二乘法,确定系数 a、b、c:

$$b = \frac{r_{zx} - r_{xy}r_{yz}}{1 - r_{xy}^2}\frac{\sigma_z}{\sigma_x} = R_{z|x(y)} \tag{3-14}$$

$$c = \frac{r_{yz} - r_{xy}r_{zx}}{1 - r_{xy}^2}\frac{\sigma_z}{\sigma_y} = R_{z|y(x)} \tag{3-15}$$

$$a = \bar{z} - b\bar{x} - c\bar{y} \tag{3-16}$$

则 z 倚 x、y 的多元线性回归方程为

$$z - \bar{z} = R_{z|x(y)}(x - \bar{x}) + R_{z|y(x)}(y - \bar{y}) \tag{3-17}$$

3.1.4　数理统计法

根据概率论和数理统计的原理和方法,在大量的水文气象资料中寻求水文要素的演

变规律,通过建立随机水文模型进行预报。常用有两大类:一是多元分析法,即把预报对象作为随机变量,运用回归分析、判别分析等方法对影响因子进行筛选,建立预报方程进行预报;另一类是时间序列分析法,把预报对象作为离散化的时间序列有机过程,应用自回归等有机模型进行预报。时间序列分析法包括自回归模型 $AR(p)$、滑动平均模型 $MA(q)$ 和自相关—滑动平均模型 $ARMA(p,q)$ 等。

3.1.4.1 自回归模型 $AR(p)$

自回归模型 $AR(p)$ 是水文预报中使用率最高的一种随机模型,其形式为

$$x_t = \Phi_{p,0} + \Phi_{p,1}x_{t-1} + \Phi_{p,2}x_{t-2} + \cdots + \Phi_{p,p}x_{t-p} + \eta_t \tag{3-18}$$

自回归模型主要解决以下两个问题:

(1)模型的最大阶数 p 为多少?

(2)估计各回归系数 $\Phi_{p,0},\Phi_{p,1},\Phi_{p,2},\cdots,\Phi_{p,p}$ 以及随机项 η_t 的线型及参数。

求解方程的一般方法是用递推解法。将上述方程中心化,得到 Yule-Walker 方程组:

$$\left.\begin{aligned} r_1 &= \Phi_{p,1} + r_1\Phi_{p,2} + \cdots + r_{p-1}\Phi_{p,p} \\ r_2 &= r_1\Phi_{p,1} + r_2\Phi_{p,2} + \cdots + r_{p-2}\Phi_{p,p} \\ &\vdots \\ r_p &= r_{p-1}\Phi_{p,1} + r_{p-2}\Phi_{p,2} + \cdots + \Phi_{p,p} \end{aligned}\right\} \tag{3-19}$$

式中:r_1、r_2、$\cdots$、r_{p-1} 为系列 x_i 的 1 阶、2 阶、$\cdots$、$p-1$ 阶的相关系数。利用递推方法,可求得 $\Phi_{p,1}$、$\Phi_{p,2}$、$\cdots$、$\Phi_{p,p}$ 及 $\Phi_{p,0}=(1-\Phi_{p,1}-\Phi_{p,2}-\cdots-\Phi_{p,p})\bar{x}$。

最大阶数 p 的确定,首先初定一个 p_0,$p_0=\frac{N}{5}\sim\frac{N}{10}$;然后在 p_0 内进一步选定 p 值。

3.1.4.2 滑动平均模型 $MA(q)$

滑动平均模型 $MA(q)$ 的一般形式为

$$x_t^a = \eta_t - \theta_1\eta_{t-1} - \theta_2\eta_{t-2} - \cdots - \theta_q\eta_{t-q} \tag{3-20}$$

式中:$x_t^a=x_t-\bar{x}$ 是中心化系列。

通过数学变换可以得到以下方程组:

$$\left.\begin{aligned} \sigma_x^2 &= (1 + \theta_1^2 + \cdots + \theta_q^2)\theta_\eta^2 \\ r_1\sigma_x^2 &= (-\theta_1 + \theta_2\theta_1 + \cdots + \theta_q\theta_{q-1})\sigma_\eta^2 \\ r_2\sigma_x^2 &= (-\theta_2 + \theta_3\theta_1 + \cdots + \theta_q\theta_{q-2})\sigma_\eta^2 \\ &\vdots \\ r_q\sigma_x^2 &= -\theta_q\sigma_\eta^2 \end{aligned}\right\} \tag{3-21}$$

通过求解上式,可得到 θ_1、θ_2、$\cdots$、θ_q,σ_η 共 $q+1$ 个未知数。但上述方程组是一个非线性方程组,求解较难,一般多采用迭代法。

3.1.4.3 自相关—滑动平均模型 $ARMA(p,q)$

自相关—滑动平均模型 $ARMA(p,q)$ 是一种一般性的线性平衡随机模型,其表达式为

$$x'_t = \Phi_{p,1}x'_{t-1} + \Phi_{p,2}x'_{t-2} + \cdots + \Phi_{p,p}x'_{t-p} + \eta_t - \theta_1\eta_{t-1} - \theta_2\eta_{t-2} - \cdots - \theta_q\eta_{t-q} \tag{3-22}$$

式中：$x_t'=x_t-\bar{x}$ 为中心化系列。

这个模型共有 $p+q+1$ 个待定系数：$\Phi_{p,1}$、$\Phi_{p,2}$、…、$\Phi_{p,p}$、θ_1、θ_2、…、θ_q、σ_η。

一般性的解法比较麻烦，通常在水文上应用的是其中比较简单的 $ARMA(1,1)$ 模型 $(p=1,q=1)$，$ARMA(1,1)$ 模型表达式为

$$x_t' = \Phi_{1,1}x_{t-1}' + \eta_t - \theta_1\eta_{t-1} \tag{3-23}$$

通过数学变换可以得到以下方程组：

$$\left.\begin{aligned} \sigma_x^2 &= r_1\sigma_x^2\Phi_{1,1} + [1-\theta_1(\Phi_{1,1}-\theta_1)]\sigma_\eta^2 \\ r_1\sigma_x^2 &= \sigma_x^2\Phi_{1,1} - \theta_1\sigma_\eta^2 \\ r_2 &= r_1\Phi_{1,1} \end{aligned}\right\} \tag{3-24}$$

方程组中系列标准差及 1 阶、2 阶相关系数，可由实测径流系列计算为已知值，式(3-22)～式(3-24)可以解算 3 个未知数 $\Phi_{1,1}$，θ_1，σ_η。

3.1.5　模糊数学法

在水文预报中应用比较多的模糊数学方法有模糊模式识别法、模糊聚类分析法、模糊综合评判法等。

3.1.5.1　模糊模式识别法

模糊模式识别法一般包括：

(1)原始资料收集与预处理。

(2)特征量提取，即提取出基本特征量组合 $u=(u_1,u_2,\cdots,u_m)$。

(3)建立模糊模式 $A(u)$ 的从属函数 $u_A(u)$ 。

(4)分类识别，即根据所提取出的特征量及所建立的从属函数 $u_A(u)$，按某种分类原则对待判定模式进行识别，指出其所属的类别。

模糊模式识别方法分为直接方法和间接方法。

3.1.5.2　模糊聚类分析法

模糊聚类分析是一种通过建立模糊相似关系将客观事物进行分类的方法。水文要素模糊聚类分析预报方法，就是通过模糊聚类分析，把预报因子状态分类，建立起待预报水文要素变量与因子状态之间的对应关系，进而实现该水文要素变量的状态预报。常用的模糊聚类方法有编网法、基于模糊等价关系的聚类分析方法、模糊等价关系和软划分聚类相结合法等。

3.1.5.3　模糊综合评判法

模糊综合评判法主要包括单级模糊综合评判和多级模糊综合评判。

1. 单级模糊综合评判

单级模糊综合评判首先是在模糊综合评判中考虑两个集合，即因素集 $U=\{u_1,u_2,\cdots,u_m\}$ 和评判等级集 $V=\{v_1,v_2,\cdots,v_n\}$，并且找出两者的模糊关系 R。

在多因素综合评判时，通过专家评分或统计方法得到各因素在评定等级中所起作用

的大小。$A=\{a_1,a_2,\cdots,a_m\}$,A 为因素集 U 上的一个模糊子集,a_i 为因素 u_i 对 A 的从属度,它表明了因素 u_i 在因素集中的作用大小。

模糊综合评判一般运算形式为 $B=AR$。$B=\{b_1,b_2,\cdots,b_n\}$,b_i 为被评判对象对等级 v_i 的从属度,A 为原像,B 为综合评判矩阵。

对综合评判矩阵 B 进行归一化处理,改造成判断矩阵 $P=\{p_1,p_2,\cdots,p_n\}$,选择合适的综合评判模型是做好模糊综合评判的基础。

综合评判模型主要有:①主因素决定型,这种模型适用于以单因素最优为综合最优;②主因素突出型,这种模型突出主要因素但也兼顾其他因素;③加权平均型,对所有因素依据权重大小均衡兼顾。

2. 多级模糊综合评判

在研究受多种因素影响的问题时需要考虑不同层次的因素。多级模糊综合评判的基本思路是:低层次的评价结果作为高层次评价的因素评价矩阵,逐层进行评价,获得最终评判结果。

3.1.6 灰色系统法

灰色系统是部分信息已知,部分信息未知的系统。其既包含已知信息又包含未知信息或非确知信息。河川枯季径流预报,可用灰色系统模型 $GM(1,1)$ 来进行预报。$GM(1,1)$ 模型的建模技术中,最重要的特色是将杂乱无章的原始数据,通过处理,使之比较有规律。$GM(1,1)$ 模型的计算步骤为:①将原始数据进行累加生成;②利用生成后的数列进行建模;③在预报时再通过反生成以恢复事物的原貌,最后计算出预报值。

3.1.7 人工神经网络

人工神经网络在很多方面得到应用,原因是该方法具有多方面的优点,可以充分逼近任意复杂的非线性关系、所有的信息不管是定量的还是定性的都能等势分布在网络内的神经元、采用并行分布处理方法、能自主学习和适应不确定的系统、能同时处理定量和定性的信息,为模拟高度非线性的推理提供了一条新途径,而在人工神经网络中使用最广泛的是 BP 神经网络。

本书利用 BP 神经网络对水库枯季入流进行预报,为湖库型水源地的应急预警提供决策依据。

3.1.7.1 预报原理

人工神经网络是由一组模仿人脑的人工神经元连接而组成的,能够模仿复杂的网络系统。基于上述人工神经网络的一些优点,它提供了一条新途径,用来解决传统方法解决不了的复杂问题。鉴于水库枯季入库径流量与上游汛期降水量、汛末入库径流量和枯季降水量等之间存在显著的相关关系,可以根据水库上游汛期降水量、汛末入库径流量和枯季降水量资料系列建立人工神经网络模型,实时预报枯季入库径流量。

BP 神经网络包括三个层次,分别是输入层、隐含层及输出层,其结构见图 3-1。如果这种网络的输入层为 H,输出层为 G,那么这个系统就可以看成一个高度的非线性映射。假设输入层的节点数为 N_1,输出层节点数为 N_3,那么该网络就是从 R^{N_1} 到 R^{N_3} 的映射,即

$$F:R^{N_1} \rightarrow R^{N_3} \quad G = F(H) \tag{3-25}$$

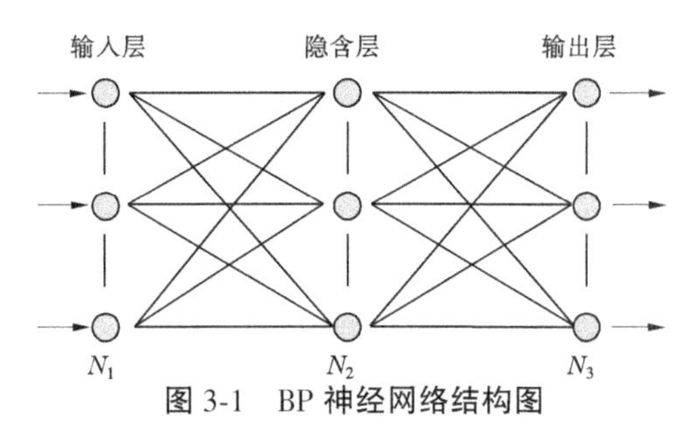

图 3-1　BP 神经网络结构图

BP 神经网络算法通过复合简单的非线性问题来解决复杂的非线性问题。BP 神经网络算法的过程包括两个阶段:正向过程和反向过程。在正向过程中,输入信息先经过输入层节点到达隐含层节点,在隐含层经过函数的作用后,把作用后的信息再传播到输出层节点,最后给出结果;反向过程就是当输出结果不是想要的结果时,把误差信号沿着原来的路线再返回到输入层,然后通过调整每层的节点权重和阈值,将误差信号降到最低。

由于每个系统的性质是不同的,所以在选择网络结构和作用函数时也不同。对于预报河川枯季径流量来说,在运用 BP 神经网络算法时,节点函数选择 BP 型(Sigmoid)函数,其表达式如下:

$$f(x) = [1 + \exp(-x + \theta)]^{-1} \tag{3-26}$$

假设网络系统的输入层节点为 N_1 个、隐含层节点为 N_2 个、输出层节点为 N_3 个,并且规定用 O 表示任一节点的输出。如果样本共有 M 组,那么对于第 p 组样本,把其输入信息定为 $h_{ip}(i=1,2,3,\cdots,N_1)$,在输入层,因为输入信息从输入层传播到隐含层时,信息不会改变,所以对于任何一组样本,从输入层输入的信息与输出的信息相等。即 $O_{ip}=h_{ip}$。

在隐含层,假设第 j 个节点的输入信息为

$$net_{jp} = \sum_{i=1}^{N_1} w_{ji} O_{ip} \tag{3-27}$$

那么输出信息就是:

$$O_{jp} = f(net_{jp}, \theta_j) = [1 + \exp(-net_{jp} + \theta_j)]^{-1} \tag{3-28}$$

式中:w_{ji} 为输入层第 i 节点和隐含层第 j 节点之间的连接权系数;θ_j 为隐含层第 j 节点的阈值。以下符号意义相似。

在输出层,对于第 k 节点来说,假设其输入信息 net_{kp} 和输出信息 O_{kp},那么两者的表达式分别如下:

$$net_{kp} = \sum_{j=1}^{N_2} w_{kj} O_{kp} \tag{3-29}$$

$$O_{kp} = f(net_{kp}, \theta_k) = 1 + \exp(-net_{kp} + \theta_k) \tag{3-30}$$

这样对第 p 组样本来说,其输入信息 $h_{ip}(i=1,2,\cdots,N_1)$ 就对应着输出信息 $O_{kp}(i=1,2,\cdots,N_3)$。假设期望输出为 g_{kp},那么系统误差 E_p 公式就可以表达成如下:

$$E_p=\frac{1}{2}\sum_{k=1}^{N_3}(g_{kp}-O_{kp})^2 \tag{3-31}$$

训练样本集的误差 E 定义为

$$E=\frac{1}{M}\sum_{p=1}^{M}E_p \tag{3-32}$$

通过修改网络中各层的节点连接权系数和阈值来降低系统误差,以便使网络的实际输出与期望输出更加接近。利用梯度法得到各个节点的连接权系数修正值,公式如下:

$$\Delta_p w_{kj}=-\eta\frac{\partial E_p}{\partial w_{kj}} \tag{3-33}$$

$$\Delta_p w_{ji}=-\eta\frac{\partial E_p}{\partial w_{ji}} \tag{3-34}$$

式中:η 为学习率,一般取 0~1。

根据式(3-33)与式(3-34)就可以把节点的连接权系数和阈值修正公式分别推导出来。

1. 节点连接权系数修正值

隐含层和输出层之间的节点权系数修正公式就可以根据式(3-33)推导出来:

$$\Delta_p w_{kj}=-\eta\frac{\partial E_p}{\partial w_{kj}}=-\eta\frac{\partial E_p}{\partial net_{kp}}\cdot\frac{\partial net_{kp}}{\partial w_{kj}} \tag{3-35}$$

又知
$$\frac{\partial net_{kp}}{\partial w_{kj}}=\frac{\partial}{\partial w_{kj}}\left(\sum_{k=1}^{N_3}w_{kj}O_{jp}\right)=O_{jp}$$

取
$$\delta_{kp}=-\frac{\partial E_p}{\partial net_{kp}},$$

那么
$$\Delta_p w_{kj}=\eta\delta_{kp}O_{jp}$$

其中,
$$\delta_{kp}=-\frac{\partial E_p}{\partial net_{kp}}=-\frac{\partial E_p}{\partial O_{jp}}\cdot\frac{\partial O_{jp}}{\partial net_{kp}}=(g_{kp}-O_{kp})\cdot\frac{\exp(-net_{kp}+\theta_k)}{[1+\exp(-net_{kp}+\theta_k)]^2}$$
$$=(g_{kp}-O_{kp})\cdot O_{kp}\cdot(1-O_{kp})$$

所以,
$$\Delta_p w_{kj}=\eta\cdot(g_{kp}-O_{kp})\cdot O_{kp}\cdot(1-O_{kp})\cdot O_{jp} \tag{3-36}$$

同样道理,输入层和隐含层之间的节点权系数修正公式可以根据式(3-34)推导出来,修正公式为

$$\Delta_p w_{ji}=\eta\cdot O_{jp}\cdot(1-O_{jp})\cdot O_{ip}\sum_{k=1}^{N_3}\delta_{kp}w_{kj} \tag{3-37}$$

通过总结以上的分析,可以得到各节点之间的连接权系数修正公式可表达为

$$\Delta_p w_{ji}=\eta\cdot\delta_{jp}\cdot O_{ip} \tag{3-38}$$

假如节点 j 为输出层节点,则

$$\delta_{jp}=O_{jp}\cdot(1-O_{jp})\cdot(g_{jp}-O_{jp}) \tag{3-39}$$

假如节点 j 为隐含层节点,则

$$\delta_{jp}=O_{jp}\cdot(1-O_{jp})\cdot\sum_{k}\delta_{kp}w_{kj} \tag{3-40}$$

这里需要说明的是：节点 k 所在的层比节点 j 所在的层高一级。

为了提高网络的性能，在修正节点间的权系数时需要加入动量项，那么修正公式(3-38)就变为

$$\Delta_p w_{ji}(t+1) = \eta \cdot \delta_{jp} \cdot O_{ip} + \alpha \cdot \Delta_p w_{ji}(t) \tag{3-41}$$

式中：$\alpha \cdot \Delta_p w_{ji}(t)$ 为动量项，α 为动量因子，取值为 0~1；t 为训练次数。

对第 t+1 次训练的节点间的权系数修正值就是：

$$w_{ji}(t+1) = w_{ji}(t) + \frac{1}{M}\sum_{p=1}^{M} \Delta_p w_{ji}(t+1) \tag{3-42}$$

2. 阈值修正值

同样道理，节点的阈值修正公式可以被推导出如下表达式：

$$\theta_j(t+1) = \theta_j(t) + \frac{1}{M}\sum_{p=1}^{M} \Delta_p \theta_j \tag{3-43}$$

设节点 j 为输出层的节点，那么就有

$$\Delta_p \theta_j = \eta \cdot O_{jp} \cdot (1 - O_{jp}) \cdot (g_{jp} - O_{jp}) \tag{3-44}$$

假如节点 j 为隐含层节点，那么就有

$$\Delta_p \theta_j = \eta \cdot O_{jp} \cdot (1 - O_{jp}) \sum_k \delta_{kp} w_{kj} \tag{3-45}$$

BP 人工神经网络的运算过程就是节点的连接权系数和阈值的不断调整的过程，经过多次的调整训练，系统就产生了记忆和联想样本的能力。BP 算法流程图见图 3-2。因为加入了隐含层，所以通过三层的 Sigmoid 神经元非线性的网络可以用任意精度接近任何连续函数。

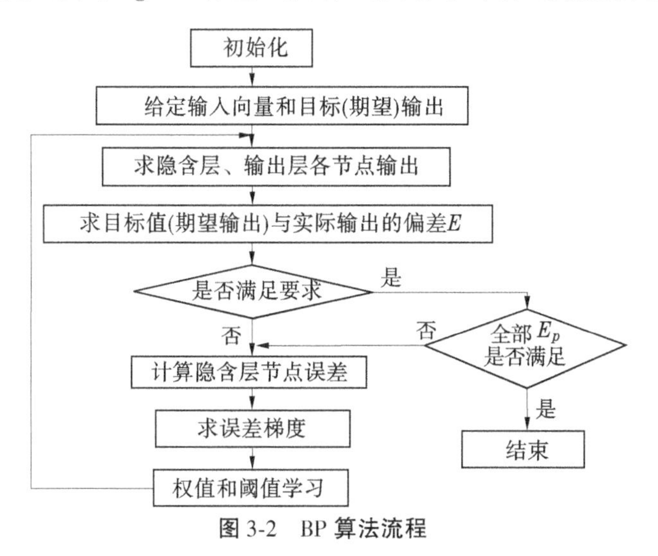

图 3-2　BP 算法流程

3.1.7.2　预报模型

BP 人工神经网络算法虽然具有并行处理数据的优点，但同时也存在一些缺点：一是收敛速度不够快；二是不能解决局部的优化问题。鉴于此，需要对 BP 算法做一些改进。本次就采用基于 Fletcher-Reeves 算法思想的网络训练方法改进 BP 算法。BP 算法经过改进后，既不增加算法复杂性，又可以提高收敛速度，就可以沿共轭方向使全局达到最小点。具体计算过程如下。

第一步：初始权向量选定为 $\boldsymbol{W}^0$，允许误差 $\varepsilon>0$。设计算梯度向量 $\boldsymbol{g}_k$ 的初始值 $\boldsymbol{g}_0$，$\boldsymbol{g}_0=\nabla E(\boldsymbol{W}^0)$。令 $\boldsymbol{d}_0=-\boldsymbol{g}_0$。

第二步：给出迭代次数 K。

第三步：计算 α_k，$\min\limits_{\lambda\geqslant 0}E(\boldsymbol{W}^k+\alpha_k\boldsymbol{d}^k)=E(w^k+\lambda_k d^k)$。

第四步：令 $W^{k+1}=\boldsymbol{W}^k+\alpha_k\boldsymbol{d}^k$。

第五步：求新的梯度向量 $\boldsymbol{g}_{k+1}=\nabla E(\boldsymbol{W}^{k+1})$。

第六步：若 $k \bmod N=0$ 则重新开始，用 $\boldsymbol{W}^{k=1}$ 代替 $\boldsymbol{W}^0$，并返回第一步。

第七步：求解误差因子 β_k，即 $\beta_k=\dfrac{(\boldsymbol{g}_{k+1}-\boldsymbol{g}_k)^T\boldsymbol{g}_{k+1}}{\boldsymbol{g}_k^2}$。

第八步：求解新的共轭方向 $\boldsymbol{d}_{k+1}=-\boldsymbol{g}_{k+1}+\beta_k\boldsymbol{d}_k$。

第九步：若 $E>\varepsilon$ 或 $k\leqslant K$，则令 $k=k+1$ 转第三步；否则停止，同时令 $\boldsymbol{W}^{k+1}$ 作为目标函数 E 的最小值点。

这里 N 为行向量 $\boldsymbol{W}$ 的维数。改进的 BP 算法在共轭梯度算法的基础上做一步间插步骤，那就是第六步，这样做为了使其全局收敛性得到保证；在第二步给出迭代次数，这样做的目的是防止由于系统有时对输入信息认识不足，目标函数的收敛性能变差，发生死循环情况；在第三步中，利用 Fibonacci 法，通过线性搜索确定 α_k。

通过把共轭梯度优化与误差反向传播相结合，从理论上克服了传统 BP 算法所存在的缺点，这样经过两者的结合，不但提高了模型的预报精度，而且为其以后在水资源领域的广泛应用打下了理论基础。

3.1.7.3 预报因子的选取

预报因子选取的好坏直接关系到预报模型的精度。由于入库水量的多少主要由降落到流域面上的水量和入库河流的径流量来决定。所以，本次预报因子的选取有两部分：一是典型雨量站监测到的上游流域的降水量；二是水库上游主要控制水文站的实测径流量。

3.1.7.4 预报结果的实时校正

由于枯季径流的信息不断更新，因此需要及时调整和替换已有的径流信息，保证预报模型对枯季径流实时预报的精度。另外，枯季径流已受到一些干扰因素的影响，所以实时预报的枯季径流值要非常准确是比较困难的，这就需要参考本领域专家的知识和经验，及时对预报结果进行修正，给出比较合理的预报结果。

根据实时预报的枯季径流结果、汛期水文气象实时信息以及水文气象历史信息，同时参考本领域专家的知识和经验等，实时校正枯季径流实时预报结果，给出的预报结果与实际情况比较符合。修正公式为

$$\hat{Q}_{10-1}=\varphi\cdot Q_{10-1} \tag{3-46}$$

$$\hat{Q}_{2-5}=\phi\cdot Q_{2-5} \tag{3-47}$$

$$\widetilde{Q}_j=\xi_j\cdot Q_j\quad(j=10,11,12,1,2,\cdots,5) \tag{3-48}$$

式中：Q_{10-1}、Q_{2-5}、Q_j 分别为枯季 10 月至次年 1 月、2~5 月和第 j 月径流量；$\hat{Q}_{10-1}$、$\hat{Q}_{2-5}$、$\widetilde{Q}_j$ 分别为修正后径流量；φ、ϕ、ξ_j 分别为枯季 10 月至次年 1 月、2~5 月和第 j 月径流实时预报结果的修正系数。

这样，就可以利用实时信息预报各水库的来水量，为制订枯季城市供水实时管理和调度方案提供较可靠的信息支持。

3.2　枯季地下水可开采量预报

地下水作为一个稳定的水源，对城市应急供水发挥着其他水源不可替代的作用。由于地下水出水量年内、年际之间基本保持稳定，不发生大的波动，其天然属性适合作为城市应急供水水源。如何对地下水可开采量准确预报是地下水作为城市应急供水水源首先要解决的问题。目前对地下水可开采量预报方法主要包括解析法、数值法和水均衡法。本书用水均衡法预报地下水可开采量。

水均衡法是以质量守恒定律为理论基础。枯季地下水均衡根据当年汛期末的地下水位埋深和汛期降雨量，以及当年汛期末至次年汛期前的地下水补给量、排泄量等预报值，实时预报枯季地下水可开采量。

枯季地下水可开采量预报是在地下水流数值模拟模型的基础上构建的。首先根据研究区地质与水文地质条件，对含水层特征、地下水流特征及边界条件等进行概化，建立研究区水文地质概念模型；然后根据所建立的水文地质概念模型，建立地下水流运动数学模型；最后通过模型识别与验证，获得参数率定结果，用于构建枯季浅层地下水可开采量实时预报模型。

基于地下水数值模拟模型所率定的参数以及补排项关系，根据可开采量的定义，利用水均衡理论，根据当年地下水位、降水量以及地下水补给量、排泄量等实时信息，建立城市平原区浅层地下水可开采量实时预报模型：

$$W_{kp} = \mu F\Delta h + W_{pr} + W_{lr} + W_{ir} + W'_{ir} + W_{rr} - W_{ed} - W_{ld} \tag{3-49}$$

式中：W_{kp} 为浅层地下水可开采量；$\mu F\Delta h$ 为均衡期潜水含水层贮存量的变化量；W_{pr} 为降水入渗补给量；W_{lr} 为侧向补给量；W_{ir} 为地表水灌溉入渗补给量；W'_{ir}为井灌回归补给量；W_{rr} 为河道渗漏补给量；W_{ed} 为潜水蒸发排泄量；W_{ld} 为侧向排泄量。

通过上述模型的建立可以看出，只要该模型中各补排项以及可开采量红线或限定开采的水位确定了，则可以实时预报可开采量。而各补排项中并不是所有参数都是随着时间变化的，大部分参数（如渗透系数、含水层厚度等）在短期内是不随时间变化的。因此，只要确定了各补排项中随时间变化的参数，即可实现模型的实时预报功能。

地下水可开采量实时预报模型设计了模型验证和模型预报两种功能。模型预报又设计了平水年方案、丰水年方案、枯水年方案以及新建方案等四种方案，其中前三种为系统预设方案，分别对应研究区多年平均条件、丰水年条件及枯水年条件下的源汇项设置，只需选择相应方案及模拟期设置等，就可直接运行模型进行预报。模型运行流程见图3-3。

当拥有新的系列资料时，为用户提供简捷的模型验证和校正功能。新建方案与模型验证方案都需要用户进行设置后才能运行。首先要设置模型的应力期和时间步长数，对模型时间进行离散；其次要对模型的初始条件、边界条件、水文地质参数及源汇项等进行设置。设置完成并导入模型后，运行模型可得预报结果，并以等值线图方式显示出来。

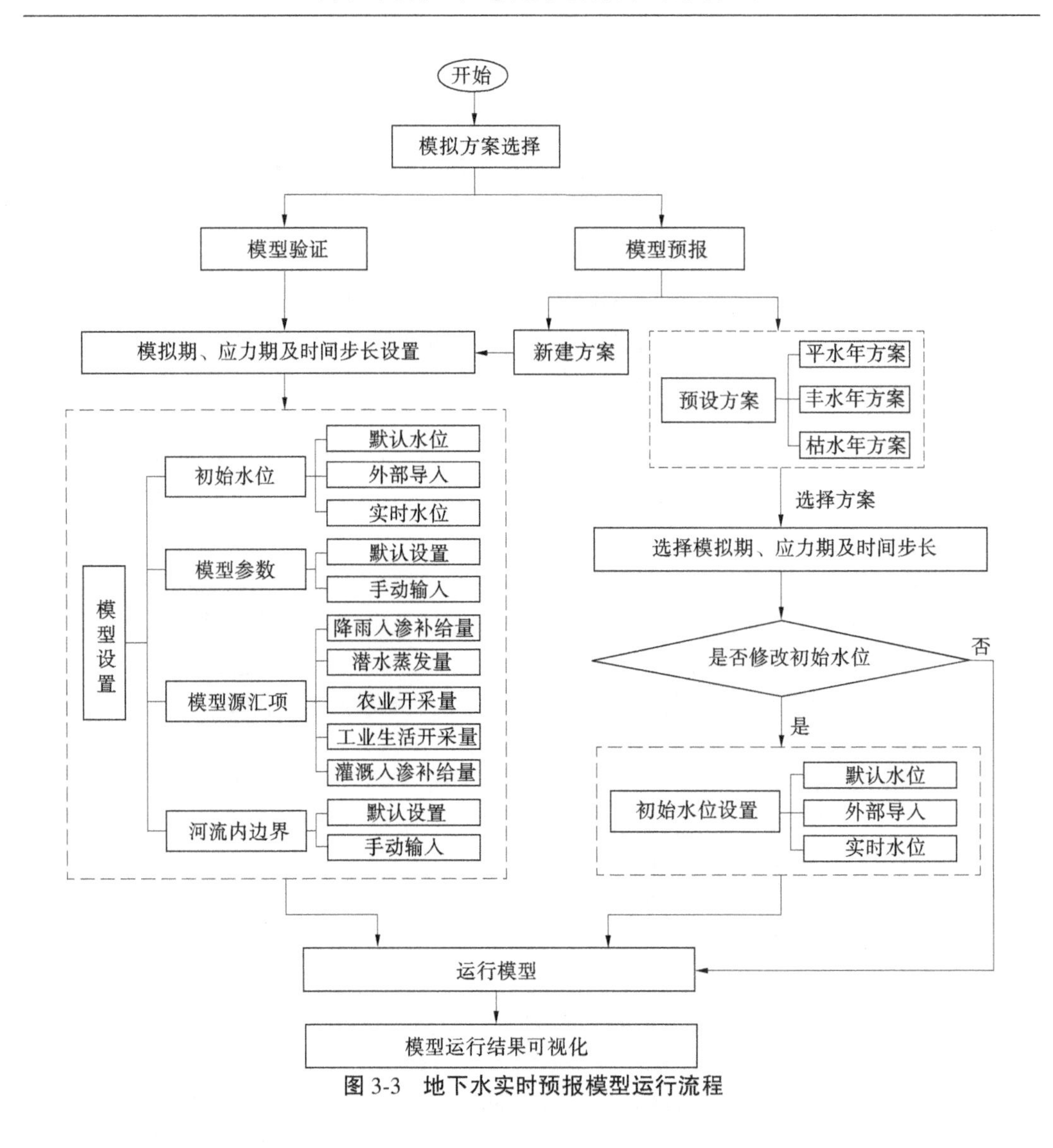

图 3-3　地下水实时预报模型运行流程

3.3　枯季需水预报

3.3.1　主要目的

城市需水实时预报主要是为制订计划用水和节约用水服务的,通过对需水量的实时准确预报,可以掌握用水需求的动态变化,并通过与可供水量实时预报结果耦合实现城市供水实时预警,从而为合理制订调度或应急方案奠定基础。

城市需水预报包括城市生活(居民生活)、生产(工业、建筑业及第三产业)和城市生态等需水预报。其中生活与生产需水量相对变化较快、变化幅度较大,尤其是随着我国经济的飞速发展,生产性需水量往往呈快速递增的态势。伴随着城市化及城市群的集群效应,城市人口的剧增和经济发展导致的这种增长型需水效应将更加明显。一般情况下,生态需水年际与年内变化幅度相对不大,可采用历史用水比拟法等方法推求即可。

3.3.2 预报方法

城市需水预报方法比较多,如指标定额法、人均用水量法、时间序列预报方法、回归分析预报法以及近年出现的人工神经网络及小波分析方法等。其中指标定额法相对简单,在城市需水预报中应用较广泛,总体应用效果较好、计算简便。人均用水量法需要对实际用水人口进行科学界定与统计,实现难度较大,精度往往不易控制。时间序列预报方法是根据城市用水量时间序列的自身变化规律建立预报模型,所需历史数据量较多且假定发展模式相对稳定,方法较为简便易行,该方法分线性预报模型、曲线预报模型和指数平滑预报模型,线性预报模型是指枯季用水量随时序变化趋势呈直线;曲线预报模型包括指数曲线预报模型和二次曲线预报模型,是枯季用水量随时序变化呈曲线趋势;指数平滑预报模型是指对样本序列进行加权处理后再建立的模型。回归分析预报法,常用的主要有多元线性回归模型和多元非线性回归模型,一般采用人口、工业增加值、农业灌溉面积、人均用水量等因素作为解释变量,回归预报模型需要建立在对预报模型进行统计检验的基础上。人工神经网络预报方法,其输入量可取历史用水量,输出量可采用未来需水量预报值,其间的学习、训练全程皆由神经网络自动完成,不需要人为干预,具有一定的智能性,同时,由于神经网络的适应性较强,因此可用于各类需水预报。

本次主要通过指标定额法和历史用水比拟法预报城市需水量。

3.3.2.1 指标定额法

指标定额法是根据各省颁布的行业用水定额和各取用水户(简称用水户)未来月份产出实时预报需水量。在每年的年末各用水户在报来年各月用水计划的同时要上报当年各月的实际用水量、产量和增加值,以及来年各月的预期产值等,如此可通过该方法实时预报未来月份需水量,且可对用水户用水效率和节水情况进行分析评价。计算公式如下:

$$W(t,n,i) = P(t,n,i) \cdot N(n,i) \tag{3-50}$$

式中:$W(t,n,i)$为t时段第n行业第i个用户的需水量;$P(t,n,i)$为t时段第n行业第i用户的指标;$N(n,i)$为第n行业第i用户需水定额。

3.3.2.2 历史用水比拟法

当指标定额法所需资料不能满足时,可采用历史用水比拟法实时预报未来各月需水量。该方法就是根据上一年各月的实际用水情况来核定未来各月的用水计划或用水需求。如果各用水户上报的来年各月用水计划或用水需求超过上一年度同期的用水比例较多时,则要对该用户上报的用水计划进行核定,核定通过后方可批准该用水户未来各月用水计划或用水需求。

3.3.3 需水预报流程

根据上述两种需水预报方法,可以给出城市需水预报流程。具体流程见图3-4。

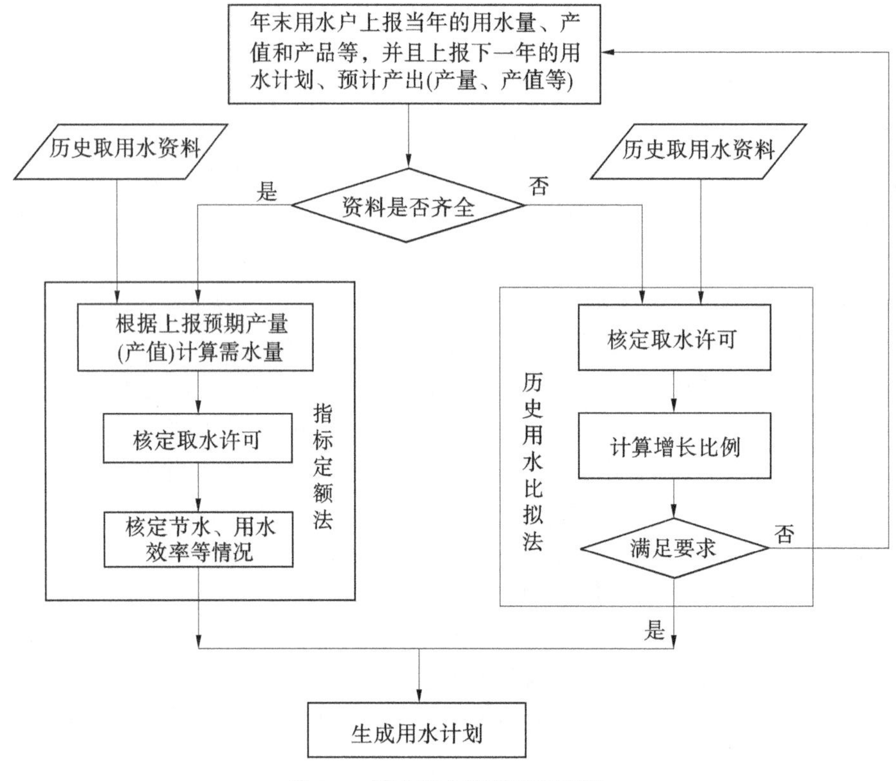

图 3-4　城市需水预报流程框图

3.4　城市枯季供需水情势预报

通过近四五十年水利信息化建设，我国防汛抗旱指挥系统从无到有，目前已初具规模并正在发挥越来越大的作用。因此，本次城市供需水情势预报，重点在于枯季水资源供需情势预报，通过整合和共享已建防汛抗旱指挥系统和水文监测站网获取的有关城市水资源信息采集、传输、数据存储、加工等功能，以及其他相关信息资源，包括城市降水量、大中型水源水量、重要水功能区与大型排污口水量和水质，以及人工侧支水循环供用耗排全过程等数据资料，并填补现有防汛抗旱指挥系统的功能不足和缺位，为城市供水安全和应急调度等提供决策和信息支持。

3.4.1　枯季可供水量预报

供水预报就是在分析水资源开发利用现状的基础上，进行预报可供水量和供水结构。城市枯季可供水总量由同期的城市地表水可供水量和城市地下水可开采量所构成。城市地表水可供水量一般由承担城市供水任务的水库可供水量和引提水工程可供水量、外调水工程可供水量及再生水可供水量等组成。根据承担城市供水任务的各类水库枯季腾空水量（如汛末水库实际蓄水量与死库容之差）和水库、未控河流水文监测站断面枯季来水量预报结果等进行估算；地下水可开采量采用地下水枯季可开采量实时预报结果。

通过大量的实际调查和深入分析发现，城市枯季可供水总量预报结果往往有些偏大。主要原因包括：①水库的腾空水量并非全部能作为水库的可供水量，在供这部分水之前要有一定的蒸发和渗漏等损失，若不扣除这部分损失量，结果显然是偏大的；②水库枯季来水量也存在供水前的蒸发和渗漏等损失，可供水量中若不扣除这部分损失量显然是偏大的；③水文测站由于没有控制性蓄水工程，其枯季来水量全部作为引提水工程的可供水量也是偏大的。历史经验说明，虽然进入6月即为汛期了，但进入汛期并非就会下雨，就会产生大量径流量，从而满足城市用水需求。因此，为了汛期抗旱和应急供水，各城市供水水源应留有一定的可供水量。

综上所述，根据各水库汛末的实际蓄水状况和各库、站的枯季来水情况以及引用水特点等，分别将各库的腾空水量和各库、站的来水量等乘以折减系数，扣除折减后再乘以一个安全供水系数来作为相应的地表水可供水量，是比较合适的，可保证城市安全供水的需要。因此，枯季水资源可供水量计算公式为

$$W_G = \left\{ \sum_{j=1}^{m} (1 - \rho_j) \cdot [V_t(j) - V_0(j)] + \sum_{i=1}^{nt} \sum_{j=1}^{m} (1 - \alpha_{ji}) \cdot W_{ji} \right\} \cdot \lambda + W_{kp} + W_{wd} + W_{zs} \tag{3-51}$$

式中：W_G 为枯季安全供水量；ρ_j 为第 j 水库汛末腾空水量折减系数；α_{ji} 为第 j 水库或测站在枯季第 i 时段内来水量折减系数；λ 为安全供水系数；$V_t(j)$ 为第 j 水库汛末蓄水量；$V_0(j)$ 为第 j 水库枯季末蓄水库容（对于非多年调节的水库，枯季末蓄水库容一般选择为死库容；而对于多年调节的水库，枯季末蓄水库容一般应根据水库的多年运行调度情况来确定）；nt 为预报时段的总数目；W_{ji} 为第 j 水库或测站在枯季第 i 时段内的来水量；W_{wd} 为枯季外调水工程可供水量；W_{zs} 为城市枯季再生水可供水量；其他符号同前。

3.4.2　枯季需水量预报

城市枯季需水量等于城市居民生活需水量、工业、建筑业及第三产业需水量和城市生态需水量之和。其中城市居民生活需水量预报，可根据城市居民生活需用水量特点，尽管其各月需用水量大小受气候条件的影响，但影响不是很大，可近似地认为各月的城市居民生活需用水量基本相同；工业、建筑业及第三产业需水量预报，可根据工业、建筑业及第三产业需用水量特点，若没有重大项目建设或扩建生产线“上马”，其枯季需水量可按上一年度同期的工业、建筑业及第三产业实际用水量考虑；城市生态需水量预报，主要考虑城市绿地、生态林、河湖湿地及环境卫生等需水量，可按照指标定额法确定。

3.4.3　枯季供需水情势预报

根据城市枯季可供水量和枯季需水量的预报结果，可以判断城市枯季水资源供需情势。若城市枯季可供水量大于枯季需水量，则说明城市未来枯季水资源供需可保持基本平衡；若城市枯季可供水量小于枯季需水量，则说明城市未来枯季水资源供需不能保持平衡，存在一定的缺水态势，需要及早谋划、未雨绸缪。

总之，通过对城市枯季水资源供需情势分析，可以及早发现和及时预警未来城市水资源供需情势及未来可能的缺水态势，为及早采取防范措施提供科学有效的预警信息。

3.5 本章小结

(1)本章首先对枯季径流预报方法进行了梳理,在本书中采用BP神经网络对枯季径流进行预报,对该方法的预报原理、预报模型、预报因子的选取及预报结果的校正进行了详细的介绍。

(2)构建了基于地下水数值模拟模型的枯季地下水可开采量实时预报模型,该模型以水均衡法为基础,通过当年汛期末地下水位埋深和汛期降雨量,以及当年汛期末至来年汛期前的降雨量、地下水补给量、排泄量等预报值,实时预报枯季地下水可开采量。

(3)从需水预报的主要思想、主要预报方法及需水预报流程等三个方面对枯季需水预报进行了较详细的阐述。

(4)对城市枯季供需水情势预报进行了阐述,包括枯季可供水量、城市枯季需水量及枯季供需水情势预报。其中,枯季可供水量包括地表水可供水量和地下水可供水量,地表水可供水量又可以分成上游水库、水文站来水量扣除折减后再乘以一个安全供水系数后的来水量、外流域调水及再生水;城市枯季需水量包括城市居民生活需水量,工业、建筑业及第三产业需水量和城市生态需水量,根据不同行业的用水特点,采用不同方法确定需水量;在可供水量和需水量预报的基础上进行了供需水情势预测。

第 4 章　城市供水应急预警技术

随着我国城市供水安全突发事件频发,各级政府及企事业单位都开始重视如何对供水突发事件进行预警,尽可能使供水突发事件造成的损失降到最低。本章阐述了城市供水应急预警技术,包括预警等级与发布流程、预警指标和预警标准等方面,为启动应急预案和应急调度提供决策基础。

4.1　预警等级与发布流程

4.1.1　等级划分与审批权限

根据城市供水突发事件的等级划分,相应地将城市供水安全预警划分为四个等级,从高到低依次是Ⅰ级、Ⅱ级、Ⅲ级、Ⅳ级。其中Ⅰ级预警为最高级预警等级,用红色表示,这一级别的预警属于警戒级别,是最危险的预警级别,建议由应急指挥部总指挥(市长或分管副市长)对该级别的预警审批权限、范围和对象进行主持会商决定;Ⅱ级预警为高级预警等级,用橙色表示,该预警等级属于次警戒级别,是比红色预警稍微较低一点的预警级别,建议由应急指挥部副总指挥(分管副市长或秘书长)对该级别的预警审批权限、范围和对象进行主持会商决定;Ⅲ级预警为中级预警等级,用黄色表示,该预警等级属于警示级别,是比较严重危险的等级,建议由应急指挥部副总指挥(市水利局局长)对该级别的预警审批权限、范围和对象进行主持会商决定;Ⅳ级预警为低级预警等级,用蓝色表示,该预警等级属于次警示级别,是一般危险的预警等级,建议由应急指挥部秘书长(市水利局分管副局长)对该级别的预警审批权限、发布范围与对象,主持会商决定。

4.1.2　等级的发布流程

由于不同等级的预警审批权限不同,导致不同等级预警的发布流程也不同,因此预警等级的发布流程也分为四个层次:

(1)低级(一般)预警等级,由市水资办主任办公会讨论后,经市水利局分管副局长办公会批准后即可发布,并适时启动相应级别的应急预案。

(2)中级预警等级,由市水资办主任办公会讨论后,经市水利局局长办公会批准后即可发布,并适时启动相应级别应急预案。

(3)高级预警等级,经过三个阶段,首先由市水资办主任办公会讨论,讨论完后将结果上报水利局局长办公会,经过水利局局长办公会讨论与批复后,再将结果上报分管副市长或秘书长,最后再由分管副市长或秘书长办公讨论后,根据预警情况及时启动相应级别的应急预案。

(4)最高级预警等级,同样要经过三个阶段讨论审批,首先是水资办主任办公会、其次是水利局局长办公会审批,最后由市长或分管副市长办公会审批后,根据预警情况及时启动相应级别的应急预案。

4.2　预警指标

根据城市供水系统组成,具体的预警指标包括地下水可开采量、水库蓄水量、取用水量、缺水深度、地表水水质及地下水水质等。各预警指标见图 4-1。

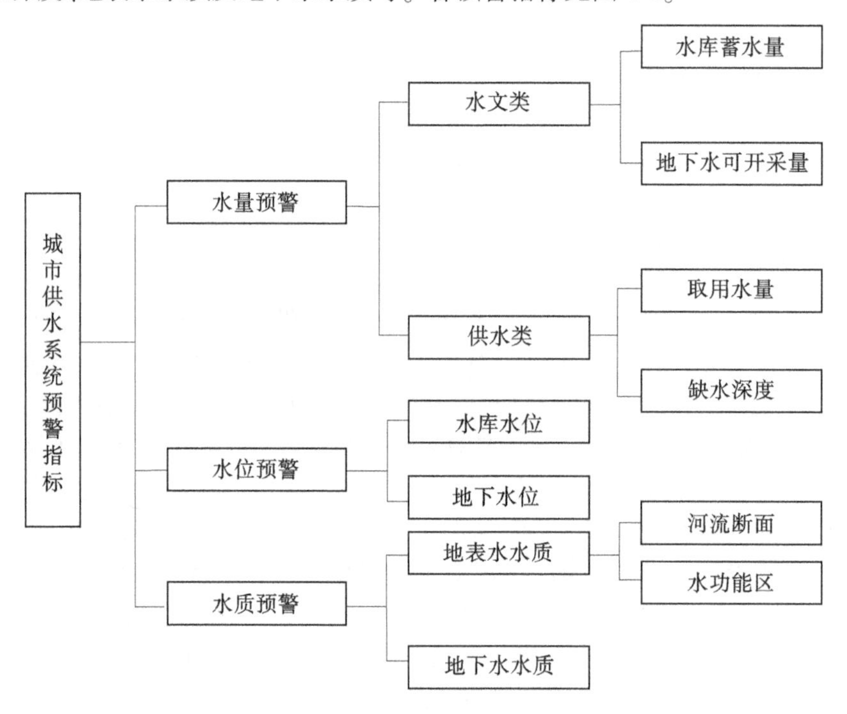

图 4-1　城市供水系统预警指标

4.3　预警标准

在城市供水安全预警过程中,应用预警指标时需要对其划定一定的判别标准。由于不同地区受不同的气候、地表覆盖类型、地形地貌、含水层特征、水系分布、水功能区水质情况、需水情况等因素的影响,造成很难合理、准确地确定各预警指标不同等级的预警值。虽然有一些领域学者对各指标的预警标准、预警机制等进行过一些探讨,但由于受上述因子的影响,不易将针对某一城市的预警方案应用到其他城市,而且确定许多指标值时都带有一定经验性。

基于城市供水的特点,为通过计算机实现实际管理的需要,采用定量与半定量的判别标准划分预警等级,为城市供水应急预警提供一套便于实际应用的解决方案,当系统稳定运行一段时间后各因子判别标准可根据实际情况再酌情调整,以满足城市供水应急管理的实际需求。

4.3.1　水库(水源地)预警标准

根据城市供水应急预警的需要,水库预警设定蓝色、黄色、橙色、红色四条警戒线。其中蓝色为低级警戒级别,黄色为中级警戒级别,橙色为较高级警戒级别,红色为最高级警戒级别。水库可供水量预警管理是一种动态管理,预警级别随着水库蓄水、来水和供水的变化而提高、降低或解除。

水库可供水量警戒线,以城乡生活与工业供水为主要控制目标进行划定,进入黄色预警后,暂停向农业灌溉供水。

4.3.1.1　蓝色警戒线划定

假定水库在未来时段没有来水的情况下(最不利条件),水库可供水量满足 4 个月城乡生活与工业用水量时所对应的水库水位定为蓝色警戒线。该警戒线所对应的水库蓄水量为

$$V_{蓝} = V_{死} + V_{4(工、生)} + V_{4渗} + V_{4蒸} \tag{4-1}$$

4.3.1.2　黄色警戒线划定

假定水库在未来时段没有来水的情况下(最不利条件),水库可供水量满足 3 个月城乡生活与工业用水量时所对应的水库水位定为黄色警戒线。该警戒线所对应的水库蓄水量为

$$V_{黄} = V_{死} + V_{3(工、生)} + V_{3渗} + V_{3蒸} \tag{4-2}$$

4.3.1.3　橙色警戒线划定

假定水库在未来时段没有来水的情况下(最不利条件),水库可供水量满足 2 个月城乡生活与工业用水量时所对应的水库水位定为橙色警戒线。该警戒线所对应的水库蓄水量为

$$V_{橙} = V_{死} + V_{2(工、生)} + V_{2渗} + V_{2蒸} \tag{4-3}$$

4.3.1.4　红色警戒线划定

假定水库在未来时段没有来水的情况下(最不利条件),水库可供水量满足 1 个月城乡生活与工业用水量时所对应的水库水位定为红色警戒线。该警戒线所对应的水库蓄水量为

$$V_{红} = V_{死} + V_{1(工、生)} + V_{1渗} + V_{1蒸} \tag{4-4}$$

4.3.2　地下水源地预警标准

地下水动态变化特征一般通过地下水位来反映,地下水资源量的多少通过水位抬升和下降直接来反映。地下水位预警标准和预警分区利用地下水控制性关键水位指标来确定。地下水位预警可从单井水位预警及面状水位预警两方面来考虑。

为了避免以点代面的片面性,并保证地下水位监测信息的实效性,根据城市地下水供水水源监测井的分布位置、代表性和实时监测、传输设施情况等,选取若干代表性监测井,利用泰森多边形法划分出每一监测井的实际控制区域,然后根据城市供水水源(市政水源和自备水源)代表性监测井的实时监测信息,可计算出代表该水源总体水位状况的面水位值,从而确定面状的地下水位预警及其指标。

地下水可开采量的预警标准可通过确定的地下水位预警判别指标来间接得到，即通过代表性监测井代表面积与关键水位变化幅度及含水层给水度乘积来估算。

根据城市供水应急预警等级，地下水预警也分为四级，对应于4个关键水位，即红线水位、橙线水位、黄线水位和蓝线水位。具体计算方法采用水均衡法，首先确定一个基准水位（地下水多年平均可开采量对应水位或者历史最低水位等），然后以基准水位为起点，其上的水量可以满足1个月、2个月、3个月和4个月正常供水水量（工业、生活）所对应的代表水位分别作为红线水位、橙线水位、黄线水位和蓝线水位。具体计算方法如下：

$$W_{可} = Q_{总补} - Q_{总排} + 10^2(h_1 - h_{基})\mu F \tag{4-5}$$

式中：$W_{可}$为计算时段内计算区内可供开采的地下水量，万 m^3；$Q_{总补}$为计算时段内计算区内总补给量，万 m^3；$Q_{总排}$为计算时段内计算区内总排泄量，万 m^3；h_1、$h_{基}$分别为计算区计算时段初、基准水位，m；μ 为地下水位变幅带给水度；F 为计算面积，km^2。

蓝色警戒线水位：

$$H_{蓝} = \frac{[W_{4(工、生)} - (Q_{总补} - Q_{总排} - 10^2 h_{基}\mu F)]}{10^2\mu F} \tag{4-6}$$

黄色警戒线水位：

$$H_{黄} = \frac{[W_{3(工、生)} - (Q_{总补} - Q_{总排} - 10^2 h_{基}\mu F)]}{10^2\mu F} \tag{4-7}$$

橙色警戒线水位：

$$H_{橙} = \frac{[W_{2(工、生)} - (Q_{总补} - Q_{总排} - 10^2 h_{基}\mu F)]}{10^2\mu F} \tag{4-8}$$

红色警戒线水位：

$$H_{红} = \frac{[W_{1(工、生)} - (Q_{总补} - Q_{总排} - 10^2 h_{基}\mu F)]}{10^2\mu F} \tag{4-9}$$

4.3.3　缺水深度预警标准

某一区域可供水量是否满足实际需水量的要求，通过缺水深度来衡量。从预报与调度管理结果来讲，缺水深度预警属于报警的范畴。通过供水实时预报结果和实时管理及实时调度方案，并结合各用水户的用水需求，可计算出实时缺水深度。计算公式如下：

$$WSD = \frac{Q_s - Q_n}{Q_n} \times 100\% \tag{4-10}$$

式中：WSD 为缺水深度，无量纲；Q_s 与 Q_n 分别为需水量与可供水量。

当 $WSD \leqslant 0$ 时，说明此时 $Q_s \leqslant Q_n$，不存在缺水；当 $WSD > 0$ 时，说明供水小于需水，存在缺水情况。

采用缺水深度预警时，以 $WSD = 10\%$ 为蓝线控制标准，即以缺水深度达到10%时作为蓝线控制水位；以 $WSD = 20\%$ 为黄线控制标准，即以缺水深度达到20%时为黄线控制水位；以 $WSD = 30\%$ 为橙线控制标准，即以缺水深度达到30%时为橙线控制水位；以 $WSD = 40\%$ 为红线控制标准，即以缺水深度达到40%时为红线控制水位。

4.3.4　水质预警标准

水质预警依据采样的类型及管理的需要，分为河流断面水质预警、水功能区水质预警及地下水水质预警三种。对于水质的预警标准，目前来讲比较困难，主要的原因如下：

(1)水质是一个总称，影响水体功能是否满足使用要求的各种指标都可称作水质，然而由于其范围甚广，而不同的用户、行业对其的要求各不同。例如，对城镇居民生活用水，则要求供水水质符合饮用水水质标准，通常情况下其要比一般的地表水环境质量标准或地下水质量标准要高，且标准指标除常规指标外，还包括毒理性指标、对人体可能有害的稀有元素指标等；而锅炉用水则一般仅对总硬度等可能对其安全及效能产生影响的指标有要求，而对其他指标则不太要求。如此种种利用水质或水质等级这个统一且广泛的代名词难以满足现实中不同行业的水体质量需求。并且，虽然现在提倡实行分质供水，但对于分质细化到何种程度，现有的供水管网是否满足要求，需要新投资多大才能实现分质供水等都还没有详细的研究与应用，也就可能造成虽然提出了按不同用水需求分质供水的目标或管理方案，但实际的供水管网不支持，也不能实现最终的优水优用的目标。

(2)鉴于难以通过实测水质数据进行详细、实用且可操作性强的水质预警判别，先简单通过水质评价后按水质等级进行预警。其中，地表水体按《地表水环境质量标准》(GB 3833—2002)的要求进行等级评价，地下水按《地下水质量标准》(GB/T 14843—2017)的要求进行等级评价。

通过对实测水质等级评价后，河流断面及地下水质评价按城市供水要求，以Ⅲ类水体作为蓝线控制标准，以Ⅴ类水体作为红线控制标准，分别对地表水及地下水体进行评价。对已划定水功能区的区域，按水功能区要求分析水体是否达标。

4.4　本章小结

(1)按从高到低的顺序把预警等级划分为四级，依次用红、橙、黄、蓝四种颜色进行标示，并对每一级别预警的审批权限及发布流程进行详细的说明。

(2)制定了预警指标，包括水量预警指标、水位预警指标及水质预警指标，其中水量预警指标包括水库蓄水量、地下水可开采量、取用水量和缺水深度；水位预警指标包括水库水位和地下水位；水质预警指标包括河流水质、水功能区水质及地下水水质。

(3)对预警指标制定了预警标准，包括水库预警标准、地下水源地预警标准、缺水深度预警标准及水质预警标准。

第 5 章　城市供水应急调度技术与应急管理系统

为了保障用水户的需水安全,当发生供水突发事件时快速解决在多水源、多用户、多工程之间的应急供水问题是关键,做到优先水源先分配、优先用户先满足。本章从应急调度网络图、应急调度模型、应急管理系统分析、系统总体框架、系统数据库设计与建设及系统详细设计与主要功能等方面进行了阐述。

5.1　应急调度网络图

当城市供水系统发生突发事件时,为了直观、迅速地做出调水方案,需要绘制应急调度网络图。应急调度网络图就是用线段把城市供水系统中用水户、水利工程、输水管线、河道、引水渠道等相互连接起来所形成的网络图。每条线段的指向直接反映了系统的运行行为,根据不同的规则来规定每条线段的特征和指标,然后通过对系统求解,得到城市供水系统的余缺水量。所谓供需平衡分析,就是计算城市供水系统中各个计算单元的余缺水量,所以需要在一定程度上概化一个复杂的城市供水系统,概化后的供水系统既不能失去城市供水系统中的供需水平衡关系与一般性问题,又能进行简单化处理复杂问题,通过制订好的调度运行规则,根据不同用水户的不同要求把供水水源地的水在时空上进行合理调节分配,以达到城市供水系统供需水平衡,实现城市供水系统应急调度的基本目标。

5.1.1　基本原理

建立城市供水系统应急调度模型,确定用水户、各水源、水利工程之间的关系及供水系统内的供、用、耗、排关系的基本依据就是城市供水应急调度网络图。应急调度网络图在对城市供水系统概化的基础上,根据网络图的基本定义进行绘制的。一个复杂的城市供水应急调度网络图中的供水节点为各类水利工程,需水节点为各类计算单元(用水户),输水节点为各类河道、渠道、输水管线的分水点或交汇点。在网络图中,任意两个节点之间通过若干条有向线段连接,而且不同的水利工程用不同的线段表示,例如河道、渠道用同样的线段表示,跨流域调水工程用一种线段表示,排水管道又用一种不一样的线段表示。

5.1.2　绘制要求

根据城市供水系统特点和现状水利工程情况以及应急调度的要求等,绘制的系统网络图应满足以下几点要求:一是要充分反映城市供水系统的主要特征,包括供水、用水、耗水及排水;二是要能充分反映城市供水系统中各级输配水关系、各用水户的地理位置、水利工程与用水户的水力联系、水流的拓扑关系等；三是要准确地满足构建城市供水应急调度模型的需要，模型运行系统所涉及的各种水源、各类水利工程、各类计算单元和各类水传输关系等能够在绘制好的网络图中被体现出来。另外，根据对系统概化的要求，在城市供水应急调度网络图中应把各个用水户、不同类型的水利工程、重要的控制断面等明确地标出来；各项元素尽量简洁明了，不要用不同方式标注相类似的元素；在网络图中，应能反映计算单元的相对地理位置，以便能够直观地判断出水流传输关系；对于重要的水利工程要用不同的方式标注出来，把它们划分出蓄水工程、引水工程、提水工程等；要用不同的颜色和线型把供水系统、退水系统、跨流域调水系统标注出来；对于特殊的元素，虽然不符合单独被标注出来的要求，但是它们在实际供水应急调度中起着重要的作用，这时我们需要具体问题具体分析，把这些元素也明确地标注出来。

5.2　应急调度模型

5.2.1　计算思路与基本原理

5.2.1.1　计算思路

城市供水应急调度最显著的特点就是时间的紧迫性，另外还有数据量大、可操作性和可靠性要求高等特点，因此所构建的应急调度模型应具备计算便捷、运算速度快、便于理解和调算修改等特性，能够让决策者根据自己的知识、经验及偏好对模型随时进行干预。所以，考虑到应急的时间紧迫性，本次研究采用基于规则的调度模型对城市供水应急调度进行逐日调节计算。

城市供水应急调度模型的主要计算思路：首先，要遵循事先规定好的一系列运行规则，并且尽量保证突发事件对供水所造成的影响最小；其次，按照“优先水源先被利用分配，要先满足重要用水户的用水要求” 的调度方式、对工程的分水参数、水库的运行调度要求、地下水的开采利用要求、水源的转换参数、对水源的利用限制及用水的需求等进行设置，通过应急调度模型进行逐日调节计算，准确而迅速地解决存在于多水源、多用户及多工程的城市应急供水系统中的水文补偿、工程补偿以及应急水源的利用与调度等一系列问题，及时得到能够保证供水安全的供水应急调度方案。

5.2.1.2　基本原理

城市供水应急调度模型，以各类规则控制各类供水水源工程应急调度过程和水量运移转化。所使用的应急调度规则即事先规定了需要遵守的制度和章程。模型系统的运行完全依据城市供水应急调度所制订的各种规则进行，这些规则是模型对各类水源利用、工程运行调度等所制定的基本算法。当系统输入不变时，运行规则的变化将对城市供水应急调度结果产生相应的影响，因而确定合理可行、切合实际的模型系统规则将是构建城市供水应急调度模型的关键。

城市供水应急调度模型，就是根据事先规定好的一系列规则，按照水源优先利用和优先用水户先满足的顺序，对工程参数、水库应急调度参数、水源的转换参数、水源的利用比例系数、最低的用水需求等进行合理设置，准确而迅速地解决存在与多水源、多用户、多工程的城市供水系统中的水文补偿与工程补偿作用及调度水源的顺序及调水量等的一系列调节计算问题。模型的构建依赖于设计规范、决策程序及人工智能的规则集，以便使模型系统能够进行应急调度与补偿调节计算，基于这种规则集的模型使调节计算过程变得透明与可控，满足设计要求，便于决策者根据自己的知识经验进行干预、分析与判断，从而使模型计算变得简单易懂，运算速度快捷。

5.2.2 调度规则

城市供水应急调度规则包括五类：整体调度规则、不同水源优先利用规则、不同行业用水规则、水源工程调度规则与应急调度规则。

5.2.2.1 整体调度规则

1. 安全性规则

城市供水应急调度必须服从“安全第一”的规则，对各种蓄、引、提、调水工程、河湖闸坝等的操作运用都必须控制在设计或规定的安全范围之内。

2. 尊重现有分水协议规则

当出现影响供水安全的事件后，尽可能地不破坏原来的供水系统或工程的分水协议，使得城市供水突发事件造成的影响最小，是应急调度的前提和基础。

3. 高效性规则

高效性规则，简单地说就是成本要低和效益要高。对于城市应急供水来说就是把单位供水的成本由低到高排序，先供单位成本低的水；把单位用水效益从高到低排序，先供用水效益高的用水户，其中用水效益的高低不能只看经济效益高低，还应考虑对人类生命价值、生活价值、生态和环境价值的重要性。一般可认为，城市生活用水户最重要，保证率最高，要优先供水。在应急调度操作上，高效性规则的实施还要受到公平性规则的制约。在保障供水安全的前提下，追求系统效益最大化或用水效率最高，是应急调度需要考虑的目标之一。

4. 公平性规则

公平性主要体现在城市供水区域与区域之间、用水户与用水户之间的供水。应急调度时分两种情况执行，一种情况是在用水户之间已经制定好了水权分配协议，在应急调度时要优先按照分水协议执行；另一种情况就是没有制定水权分配或分水协议的情况下，在应急调度时也要考虑各用水户之间的公平性，要充分考虑各行业和用水户发展的均衡性和协调性，保护用水户的合法权益，合理给出各用水户大致比较公平的分水比例，供应急调度时参考。在模型中具体表现为：当缺水时，实现不同供水区域、不同行业按照一定的比例实现浅宽式破坏，即当下一级的用户缺水到达一定比例时，使之上升一个优先级，与上一级别用水户统筹考虑，如当生态环境缺水达到40%时考虑工业生产或第三产业开始缺水，而不是当生态环境缺水达100%时才考虑更高级别用水户的缺水。

5. 协调性规则

城市供水应急调度主要目的之一就是保证城市供水系统覆盖区域内的社会效益、经济效益和生态环境效益的综合效益最大或供水成本最低。要实现这种目标，应急调度期限内供需水两个环节都要协调合理：一是当可供水量不能够满足需水要求时，应在时间、空间和用水户之间合理地分配缺水量；二是应合理地利用各种水源、各种水源工程的工作机制、各种措施的调节能力、各个用水户的需水要求，使城市供水系统供水总成本最低或损失最小等。因此，必须坚持协调性的规则。

5.2.2.2　不同水源优先利用规则

城市供水系统不同水源优先利用规则的作用主要是指导和协调不同城市供水水源之间的关系，在应急调度期内，通过最优的供水组合方案达到供水成本最低的目标。不同水源优先利用规则主要包括供水水源（工程）优先利用次序、分质供水规则、水库发电调度服从供水调度规则。

1. 供水水源（工程）优先利用次序

在城市供水应急调度模型中，合理确定各种水源的供水优先顺序是保证模型调节计算结果正确性的基础，如果对水源供水的优先顺序确定的不合理，可能会使调度结果不可行。

从分析供需平衡和建立城市供水应急调度模型的角度，把参与模型调节计算的水源划分为：当地地表水、地下水、非常规水源及跨流域调水。其中，地表水包括蓄水工程蓄水量、引水工程引水量及提水工程提水量；地下水包括深层地下水和浅层地下水（分为正常开采量和超量开采量）。根椐各种水源的特点和应急调度的实际经验，拟定城市供水应急调度期限内相同时段各种水源的优先利用次序为：①非常规水源（包括污水处理回用水或再生水、海水和海水淡化水等）；②当地可利用径流及当地河网蓄水；③地表水水库蓄水；④外调水协议内供水量；⑤地下水可开采量；⑥外调水协议外供水量；⑦地下水超采量；⑧死库容以下的蓄水量（备用水量）。

一般情况下，地表水和地下水的优先利用顺序不改变，但在应急期内，有时需要调整一下两者的供水顺序。一般而言，水库死水位以下的蓄水量和地下水超采量两种水量不能计入可供水量，不参加供需平衡；但在应急调度期限内，则可以考虑把这两部分水量看成应急水量，只有当城市供水系统缺水量达到10%蓝线控制指标时，方可考虑使用。

2. 分质供水规则

不同行业对供水量的水质和保证率的要求不同。一般供水保证率要求从高到低的顺序为生活用水、最小生态环境用水、工业用水、农业用水、生态环境用水；供水水质要求从高到低的顺序则为生活用水、工业用水、农业用水、生态环境用水（含最小生态用水）。根据目前的用水质量标准，劣于Ⅴ类的水仅能在发电、航运及河口生态上使用或者直接弃掉；Ⅴ类水可以用于农业及一般生态，同时还可以在发电、航运等方面使用；Ⅳ类水可用在工业、农业和一般生态上；Ⅲ类及其以上类别的水可以用于各行各业。可见，水质越好用途越广，同时为此付出的处理和保护的经济代价就越高。因此，在有限的优质水情况下，为了保证各行业的需水要求得到满足，实行分质供水是很有必要的。

分质供水，就是把水质好的水先用在对水质要求高的行业上，比如生活、工业等，然后再满足对水质要求不太高的行业上，比如农业、生态环境等。

分质供水的规则只能根据具体的城市供水系统的实际情况，包括不同水源、不同工程、不同河段的水质信息、分质供水工程设施等予以考虑和落实。

3. 水库发电调度服从供水调度规则

由于城市供水水源的供水保证率都比较高,因此水库调度运行方式主要是根据供水调度的要求来制定的。对于一些水库设计用途以发电为主、供水为辅时,一般情况下水库要在保障发电要求的前提下,制订供水调度计划。但在城市供水应急调度期限内,水库发电调度要服从城市供水调度计划。

5.2.2.3　不同行业用水规则

不同行业用水规则就是在应急调度期限内保证各种水源如何满足不同行业(用水户)用水需求的规则,包括用水优先序规则和宽浅式破坏规则。

1. 用水优先序规则

制定用水优先序规则主要用来协调和平衡在各行业用水户之间存在的用水关系,使水量高效、公平、合理地被分配到各个用水户。用水优先序要从用水部门、用水时间及用水区域等三方面来考虑,在一定程度上,用水优先序与高效性相一致。具体用水顺序为优先满足公共管网不同行业(用水户)用水,其次满足自备井的生活用水,接着满足自备井工业用水,然后满足农业用水,最后满足生态环境用水。同一水源供水的各行业用水需求满足优先顺序概括如下:①生活用水;②工业用水;③第三产业用水;④发电、航运等用水;⑤农业用水;⑥生态用水。

在时间方面,有些行业在某些时段的需水特别关键,这时应优先满足这些行业这个时段的用水要求;在空间上,要优先保障用水效益高的区域的用水要求。另外,在遵守不同行业供水优先序规则的基础上,供水还要考虑公平性规则等。

2. 宽浅式破坏规则

城市供水系统受到破坏时供水就不能满足用水要求,这时区域内在一定程度上就会发生缺水的情况,相应地就对用水户用水造成一定的损失。如果缺水量少,其产生的损失不是太大,如果缺水量大,造成的损失就会很大,这个时候就要考虑采取相应的措施来协调各个用水户的缺水损失,不能只让一个时间段、一个区域、一个用水户缺水很大,要把缺水损失合理地分摊到各个用水户,防止在某一时段、某一区域、某一用水户大幅度缺水,尽量使缺水造成的损失降到最低,这就是所谓的宽浅式破坏规则。

5.2.2.4　水源工程调度规则

在供水突发事件发生后,如何调度区域内的水源工程,以使供水成本最低或效益最大,达到供水量尽量多,缺水量尽量少的目的,这时就应该制定水源工程调度规则。这种规则也就是指各种水源工程的供水顺序,主要包括地表水的运用规则、水库调度规则、地下水开发利用规则、外流域调水运用规则、污水处理回用规则、各水源相互补偿规则。

1. 地表水的运用规则

这里的地表水是包括蓄、引、提工程能够供应的地表水量。当上游没有水库调节时,要优先利用引、提水工程的可供水量,若不优先利用引、提水工程的可供水量,引、提水工程的可供水量就会流向下游,造成上游不必要的缺水;当上游有水库调节时,区间来水和水库来水要优先被利用。当区间来水和水库来水量不满足用水要求时,就要利用水库的可供水量。一般情况下,当水库的蓄水量达到允许的最低蓄水量时,就不能再用水库供水,但是当发生供水突发事件时,为了应急用水,可以适当动用水库允许最低水位以下的水量。

当一个供水工程能同时给多个用水户供水时，应优先按照分水比例供水，如果没有分水比例时，可以根据用水户的重要性进行供水，或者按照用水户离水源远近顺序供水。

2. 水库调度规则

水库调度过程不是一个简单的蓄、放水过程，而是一个决策过程。在进行水库调度时，不但要考虑水库下游用水户的用水需求，还要考虑用水户的重要性，优先满足比较重要的用水户需求。另外，不能只考虑当前时段的需求，还要把将来时段的需求考虑进去，水库应急调度规则包括水库蓄放水次序规则和水库应急供水规则。

1）水库蓄放水次序规则

对于梯级供水水库，按照从上到下的次序蓄水，从下到上的次序放水。当水库群的供水对象没有交叉且水库是并联时，各个水库可以根据自己的供水余缺进行蓄放水；当水库群的供水对象有交叉时，就要按照上述提到的宽浅式破坏规则来确定各个供水对象的供水量，进而确定水库群的蓄放水顺序。

2）水库应急供水规则

当发生紧急情况时，水库应急供水量包括最低蓄水位到死水位之间的蓄水量、死水位到取水口底部高程之间的蓄水量和死水位以下的蓄水量；以发电为主的水库为保证出力所蓄水量也可以作为应急水量。

3. 地下水开发利用规则

地下水的开发利用规则按照对象的不同可分为浅层地下水利用规则、承压水（包括地热水、矿泉水）利用规则、特殊地下水利用规则。

1）浅层地下水利用规则

浅层地下水利用规则可分为年际间的管理规则、地下水超采管理规则。

（1）年际间的管理规则。浅层地下水一般有丰水年补给量大、开采量小、地下水位回升，枯水年补给量小、开采量大、地下水位下降的特点。因此，浅层地下水应该按照“枯水年允许适当超采，丰水年补充地下水，保持多年采补平衡”的原则。当遇连续枯水年时，要根据地下水位的实际降落情况，严格控制超采规模。

（2）地下水超采管理规则。一般情况下地下水不允许被超采，但特殊情况除外，当缺水量达到一定程度（如 10%以上），或者地表水蓄水量少到一定程度时，才允许适当超采地下水，在丰水年要通过减少的地下水开采量回补超采的地下水量。

2）承压水利用规则

原则上限制开采深层地下水，但当缺水量达到一定程度（如 10%以上）时，可适当开采深层地下水，包括适当扩大矿泉水开采规模。

3）特殊地下水利用规则

特殊地下水一般不作为水资源量进行评价和计算，原则上在不引起生态环境问题和水文地质问题的前提下鼓励开发利用。

4. 外流域调水运用规则

外流域（区域）调水利用次序，需要根据实际情况和具体要求具体制定。外流域调水在受水区域和用水行业之间一般有设计供水比例，因此外流域调水工程对各供水对象要优先按比例供水,但在应急调度期限内可适当扩大调水规模。

5. 污水处理回用规则

污水处理回用水(再生水)一般都有固定的用水户,回用水量要优先考虑固定用户用水(有用水协议的单位)。但在应急调度期限内,可适当扩大再生水利用规模,优先满足城市工业用水户和生态环境用水。

6. 各水源相互补偿规则

在供水系统应急调度期内,要合理协调各水源的供水,最大程度使各个行业用水得到满足。要优先利用没有调节能力的水源供水,后利用有调节能力的水源供水,同时水源之间要相互补偿调节。水源补偿的具体规则如下:

首先用来补偿调节的是水库蓄水,水库直接和间接供水的区域为其补偿区域;然后通过地下水进行补偿。在缺水不严重的情况下,不可动用应急水源的水量,当缺水发展到严重程度(如缺水10%以上)时再启动应急水源。在利用应急水源的水量时,各个行业用水要遵守宽浅式破坏规则。

5.2.2.5　应急调度规则

遵守应急调度规则的前提是供水系统覆盖的区域缺水达到一定的程度,或者整个供水系统或局部供水量少到一定程度时,要启动应急水源。

(1)在启用应急水源后,要同时适当压缩各行业的用水量,按照宽浅式破坏规则供水,使各个用水户都要适当缺水,避免发生由于严重缺水造成的损失。

(2)应急备用水源主要包括两部分:一是水库正常供水以外备用库容的蓄水量;二是允许超采的地下水量。

(3)当来水恢复正常时,应立即结束应急供水,并逐步恢复水库备用库容的蓄水量和超采的地下水量。

5.2.3　调度流程及求解方法

5.2.3.1　调度流程

城市供水系统应急调度是一个“监测—预警—进入应急状态—应急调度”的过程。因此,这四个步骤也是城市供水应急流程的主要组成部分。首先,根据实时监测信息和城市供需水情势预报技术,预报未来水资源丰枯形势;然后,通过城市供水应急预警技术对可能影响供水安全的因素进行预警,并根据预警结果判别是否进入应急状态和启动应急预案;最后,根据城市供水应急调度模型生成应急调度方案,实施应急调度。城市供水应急调度流程(见图5-1)。

5.2.3.2　求解方法

该模型具体求解方法:在应急调度流程与各种调度规则的基础上,在各种约束条件的制约下,通过严密的逻辑推理使城市供水应急调度调节计算得到实现。在应急预案制订的过程中如果发现部分规则之间有矛盾时,要从两方面来解决矛盾:一是小规则要服从大规则;二是具体情况具体分析,适当对各种规则之间的关系进行协调和修改。

5.2.4　模型参数识别和修正

模型调节计算过程中,为合理实现各类供水水源工程的供水量调节、分配及工程调度

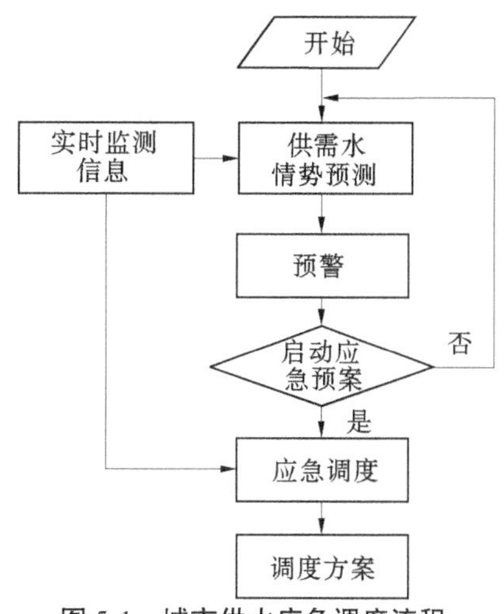

图 5-1　城市供水应急调度流程

等,需要采用大量参数控制这些过程,使得水量调度过程与实际基本一致,满足合理性要求。为检验模型结构及参数取值的合理性,识别城市供水系统中的不可控因素,以实际发生的供用水过程为目标,利用模型反演实际供用水过程,以模拟计算的结果反馈调整各类控制性参数,使得计算结果在一定精度范围内接近实际调度过程。通过对系统结构和参数的率定和调整,使应急调度模型最大限度地反映实际供水系统的性能,为快速获得城市供水应急调度方案奠定基础。

5.3　系统需求分析

5.3.1　系统总体分析

城市供水安全不仅关系到社会经济的正常发展,而且直接涉及城市居民的自身安全,关系到最根本的民生问题。系统的设计和开发要立足于"以人为本",以"城市饮用水安全"为立足点,按照"预防为主、快速反应"的要求,实现城市供水安全预报、预警、应急调度等,为及时发现和快速处置城市供水突发事件提供决策依据与应急管理平台。

5.3.2　功能与数据需求分析

5.3.2.1　功能需求分析

根据城市供水安全预警总体要求,城市供水安全预警与应急管理系统应包括信息管理、供需水情势预报、预警、应急调度等功能。

5.3.2.2　数据需求分析

城市供水安全预警与应急管理系统需要通过对各种实时信息进行分析整理,为实时预报、预警和应急调度等提供支撑,涉及的数据包括气象、水文、水质、供用水、社会经济等。具体数据情况如下:

(1)气象数据:地表水源地的降水数据,尤其是水库上游雨量站的实测雨量数据。

(2)水文数据:包括主要地表水源地(水库、引提水工程、调水工程等)的水位、来水数据,地下水源地的水位监测数据等。

(3)水质数据:地表水源地及地下水源地的水质监测数据。

(4)供用水数据:各取用水户的实际用水和计划用水数据,以及供水工程设计、实际供水数据。

(5)社会经济数据:各供水工程覆盖的人口、GDP、产业结构等数据。

5.3.3 性能需求分析

系统的性能需求主要包括系统处理信息的能力、存储与空间显示能力,以及系统的实用性、高效性、可靠性、先进性、可扩展性与可维护性等。系统处理信息的能力体现系统的运行效率,也就是系统对用户操作命令的响应速度。

5.3.3.1 系统的实用性

系统的实用性就是指系统能分析城市供水的情势,并根据分析结果做出预警。另外,系统的界面要简洁明了,容易操作,能直观地把信息展示出来,供决策者参考。

5.3.3.2 系统的高效性

因为系统要显示、分析和处理大量的数据信息,在正常情况和极限负载情况下,系统都能够处理不断增多的请求命令,根据请求命令,在最短时间内快速做出合理的设计方案,以满足用户应急要求。

5.3.3.3 系统的可靠性

系统可靠性是指当系统长时间运行时能够确保采集、传输、存储及查询信息的正确性和完整性。

5.3.3.4 系统的先进性

系统的先进性是指系统利用的设备先进,软件开发与软件技术的发展方向相符合,采用的系统平台和框架体系都是领先的。

5.3.3.5 系统的可扩展性

系统的可扩展性是为了满足不断增加的业务需求,使系统的生存期更长,投入的效益更高,可以从以下五个方面进行扩展:数据库的设计、增加用户、扩展功能、进一步共享数据、扩充专业辅助决策的功能。

5.3.3.6 系统的可维护性

对于软件的生存时间长短来说,系统的可维护性是很重要的。提高系统的可维护性可以从明确的软件质量目标的建立、通过利用提高软件质量的技术与工具进行质量审查、对程序文档进行改进、在开发软件时就要想到可维护性等方面来对系统进行维护。

5.3.4 运行环境需求分析

系统运行环境包括硬件和软件两种运行环境。

5.3.4.1 硬件环境的需求

硬件运行的环境主要是指支撑系统的相关硬件资源,根据系统运行的需要,主要需要配置一个图形工作站、应用前端计算机、备份数据的设备、打印机等。

5.3.4.2　软件环境的需求

软件环境的需求主要是指系统运行所需的操作系统、数据库管理系统、开发软件环境、软件运行的环境等。

5.4　系统总体框架

城市供水安全预警与应急管理系统软件采用三层框架结构进行设计,包括数据层、应用基础层与应用层。具体框架结构见图 5-2。

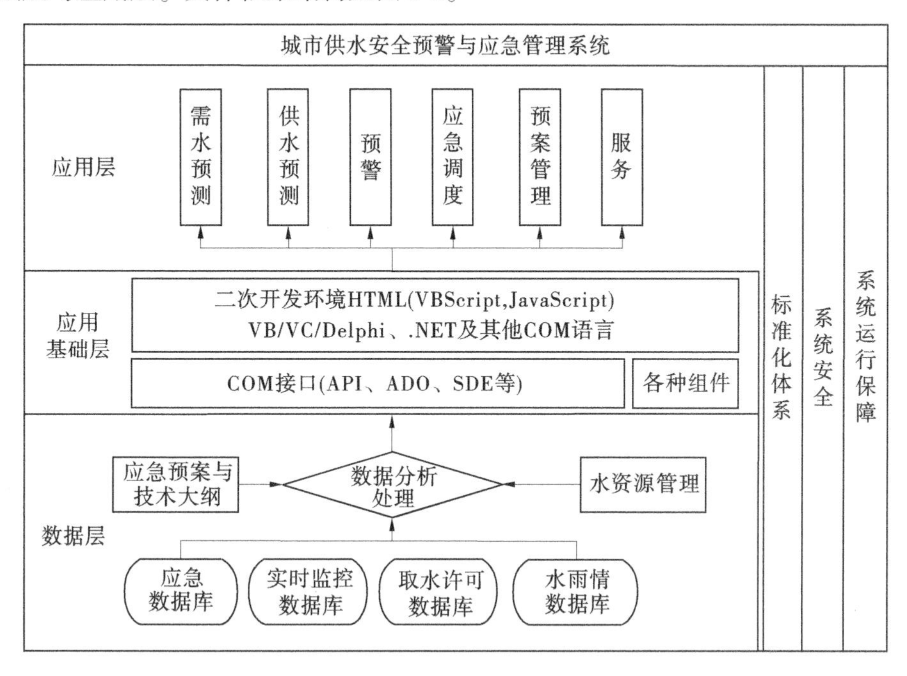

图 5-2　系统整体结构图

(1)数据层:是整个系统平台的基础,根据系统建设的要求,系统不仅需要调用相关的空间及其属性数据,还需要调用和管理其他专题的各种数据。主要包括应急数据库、水雨情数据库、取水许可数据库、实时监控数据库等信息,模型类数据库是结合模型本身设计的专题数据库表结构,模型库将设计一套标准的数据库接口。

(2)应用基础层:作为数据支撑层和应用层的中间层,为数据层和应用层提供接口和桥梁作用,采用二次开发环境提供系统运行的整体容器,运用 COM 组件技术和数据库操作服务作为业务和数据库的访问接口,实现数据层和应用层之间的信息交互。

(3)应用层:作为系统可视化展示和人机交互的平台,实现城市供水信息服务和辅助决策分析服务的可视化表达,主要完成信息服务、供需水情势预测、预警、应急调度、预案管理等功能,展示结果以图形、报表、地图等多种方式进行。

系统在数据、信息等标准化体系接口、系统软硬件运行保障、系统安全性等三方面保证下建设,保证系统数据接口共享性、系统运行的稳定性和安全性。

5.5　系统数据库的设计与建设

5.5.1　设计目标及设计原则

5.5.1.1　设计目标

整合城市供水安全预警与应急管理系统相关的各类数据,提供满足“城市供水安全预警与应急调度”要求的数据库,为城市供水安全预警与应急管理系统平台的各功能模块提供信息支撑。

5.5.1.2　设计原则

1. 充分利用现有数据库的原则

城市供水安全预警与应急管理系统数据库的建立要尽量利用现有数据库,精简不必要的重复建库,减小数据相互调用导致的低效率。

2. 实用性原则

满足城市供水安全预警与应急调度的需求,要把用户的一般要求与特殊要求充分考虑进去,根据实际情况进行取舍数据、建立关系。

3. 可靠性原则

要完整、明确、清晰地定义数据表结构及属性,以便使用户能够快速、准确地查询和采集数据。尽量降低数据的冗余度,保证数据的一致性,避免异常更新数据。

4. 先进性原则

最大程度采用现代的数据库技术,确保设计的先进性。在必要的时候,对规范化要求和冗余度要求适当放宽。

5. 标准化原则

标准化原则就是指不同类别的数据界限要清晰,定义要明确,用详细的字段说明。采用的术语尽量符合国家和行业的规范,对经常使用但没有国家或行业标准的字段要参考标准术语。

6. 开放性、可扩展性原则

整个数据库的设计,从数据空间范围、数据源类型、数据成果以及与基础信息平台系统功能结合的延展性等方面都做了充分考虑,以保证系统的开放性、可扩展性。

5.5.2　数据库内容

城市供水安全预警与应急管理系统所涉及的数据包括应急调度数据库、实时监控数据库、取水许可数据库和水雨情数据库四类。其中后三类数据库已经存在,本系统直接调用其中的数据,本次要建立的是应急调度数据库,内容包括基本数据库、指标参数库、应急预案库和模型库共四类(见图 5-3)。

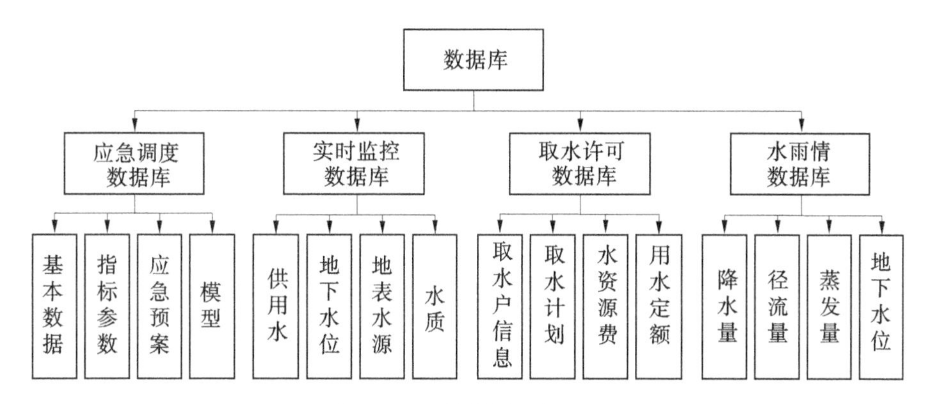

图 5-3 系统数据库设计图

5.6 系统详细设计与主要功能

应急管理系统设计主要包括系统主界面、信息管理、应急预案管理、供需水情势预报、实时预警、应急调度及系统管理七部分。下面就各个部分进行详细介绍。

5.6.1 系统主界面

以安阳市为例，简要介绍城市供水安全预警与应急管理系统。系统主界面包括菜单、工具栏、主视图（网络图）等部分（见图 5-4）。

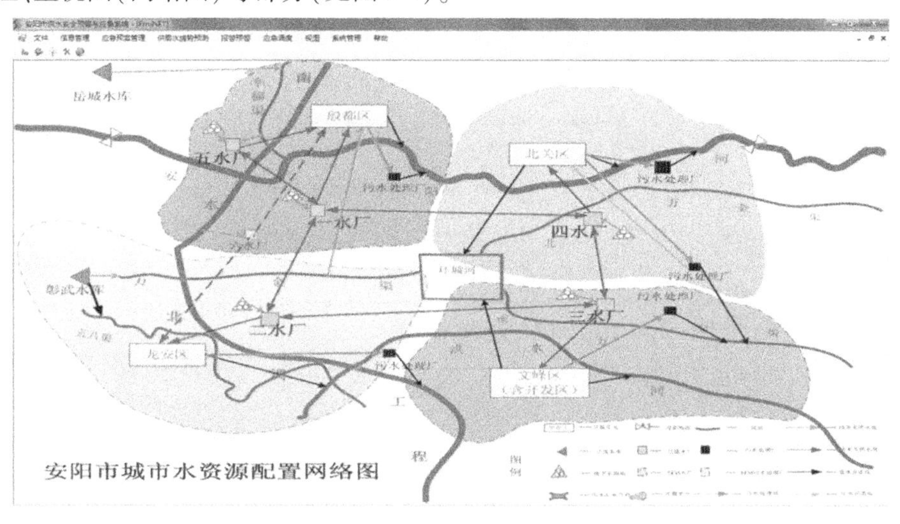

图 5-4 系统主界面示意图

5.6.2 信息管理

信息管理功能模块主要对数据库进行增加、删除、修改、查询，数据的导入、导出及打印等操作，主要内容包括行政区划、水厂与净水厂、水源地、供水管网等基本信息以及神经网络参数等指标参数。其界面见图 5-5。

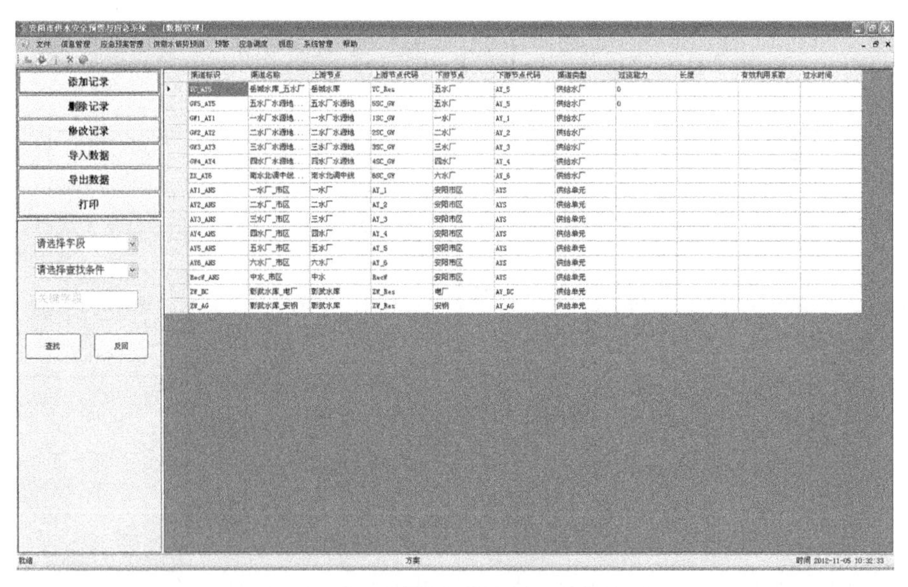

图 5-5　系统信息管理界面示意图

5.6.3　应急预案管理

应急预案管理包括四个级别的应急预案的判别标准、处置流程和具体预案等。具体界面见图 5-6。

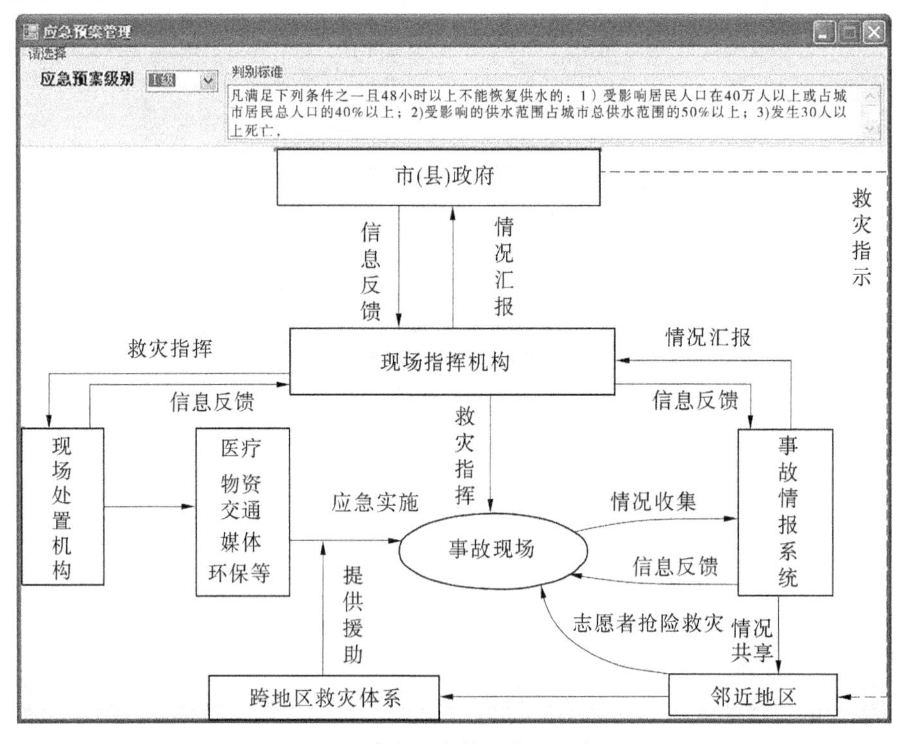

图 5-6　应急预案管理界面示意图

5.6.4 供需水情势预报

城市供需水情势预报包括地表水源地径流(水库入流)预报、地下水可开采量预测、需水预测及供需水情势预测等。具体界面见图5-7~图5-10。

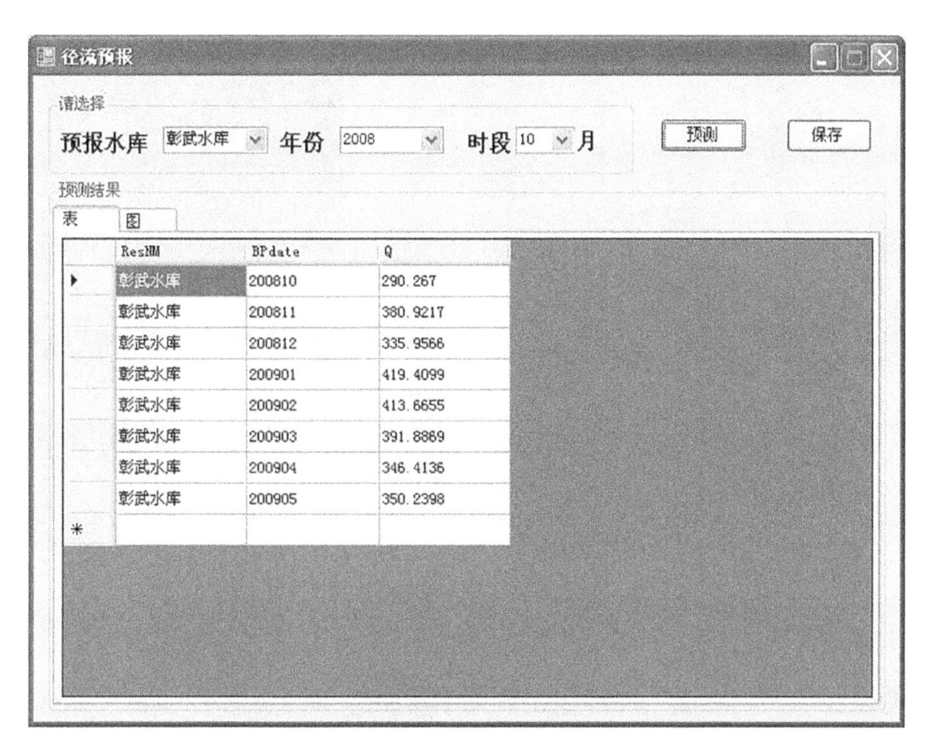

图5-7 枯季水库入流预报界面示意图

5.6.5 实时预警

实时预警功能包括预警指标管理和预警两个功能模块,界面见图5-11和图5-12。

5.6.6 应急调度

应急调度是系统的核心功能之一,包括三个功能模块:应急方案生成、调度规则设定和应急调度与结果。其中,应急调度结果包括水库调度结果(入流、库容、坝前水位、供水量、蒸发渗漏量、弃水量等)、水源供水情况、渠系配置结果、用水情况、缺水统计等。具体见图5-13~图5-15。

5.6.7 系统管理

系统管理主要对系统的数据库进行配置,包括数据库的类型、服务器名称、数据库名称、用户名和密码等,其界面见图5-16。

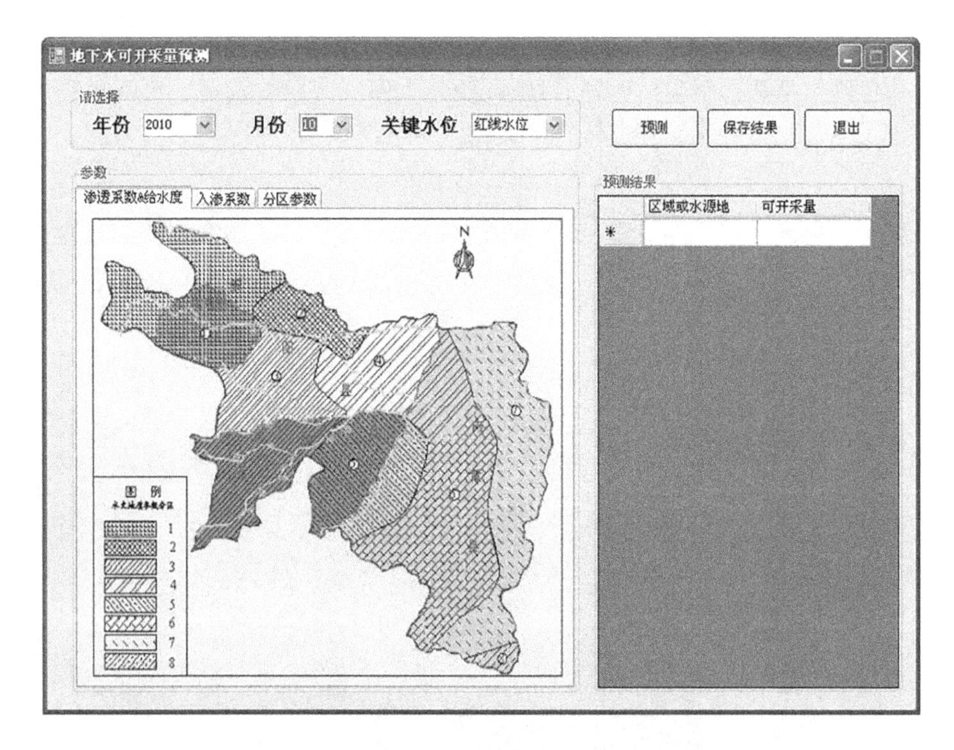

图 5-8　枯季地下水可开采量预测界面示意图

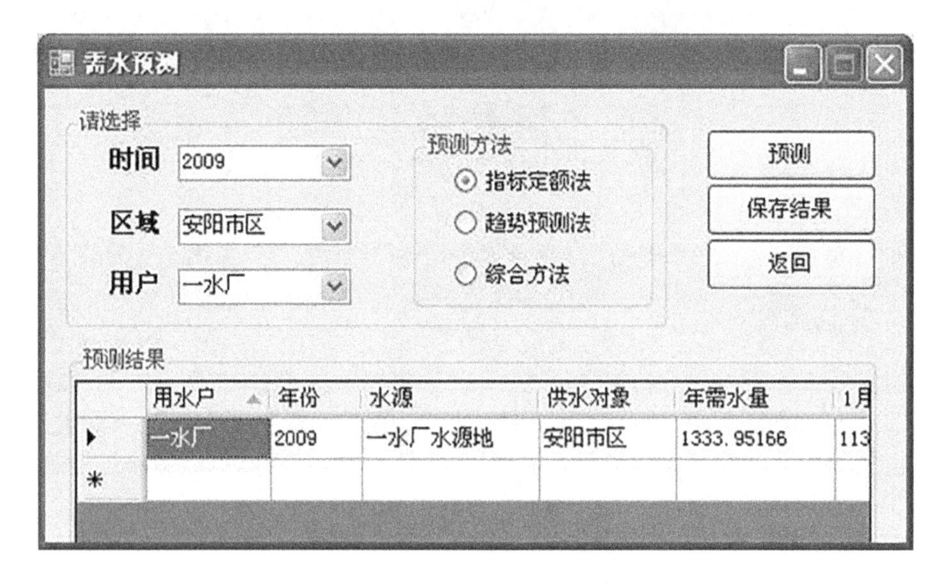

图 5-9　需水预测界面示意图

图 5-10　供需水情势预测界面示意图

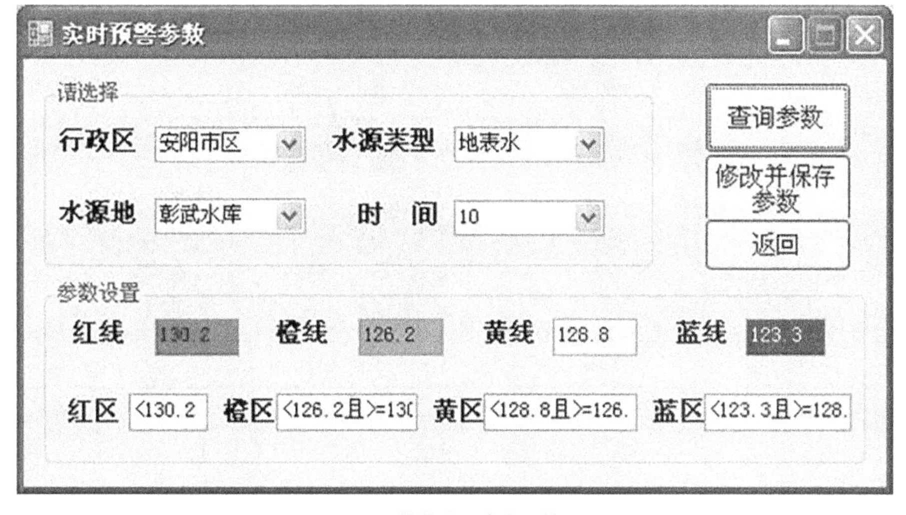

图 5-11　预警指标(参数)管理界面

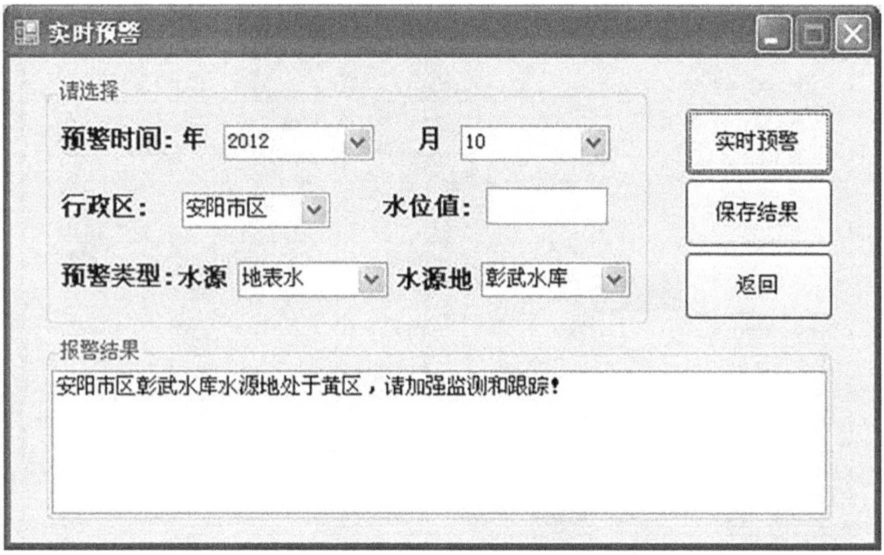

图 5-12　实时预警界面

图 5-13　应急方案生成界面

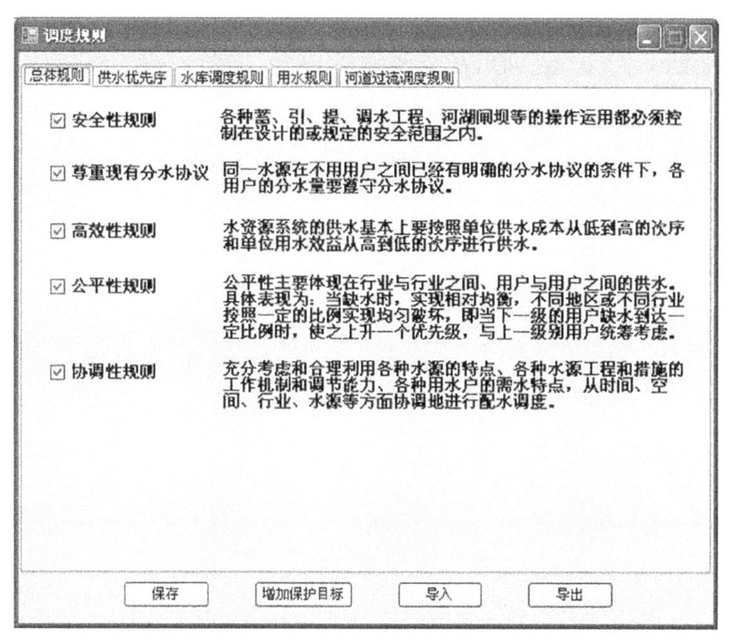

图 5-14　调度规则管理界面

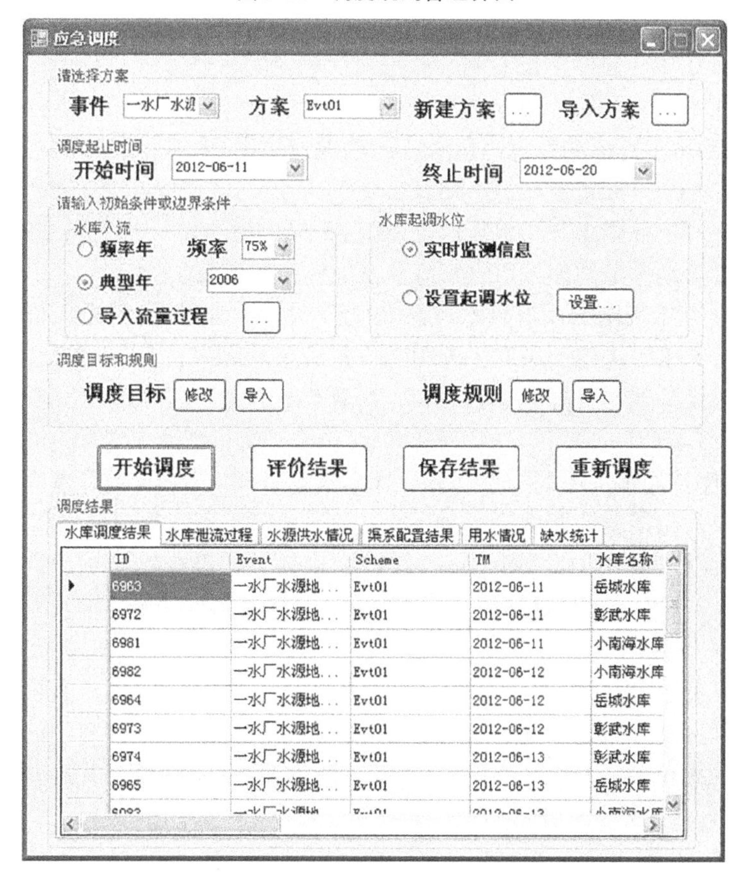

图 5-15　应急调度与结果界面

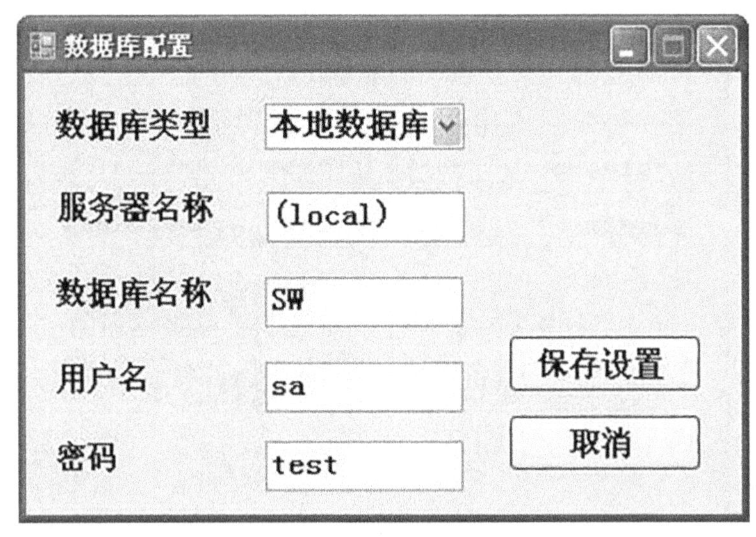

图 5-16　数据库配置界面

5.7　本章小结

(1)首先介绍了应急网络图的基本原理及绘制要求。基本原理:把各类水利工程、各类计算单元(用水户)以及各类河道、渠道、输水管线的分水点或交汇点分别作为供水节点、需水节点、输水节点描绘在城市供水应急调度网络图中。绘制要求:一是要充分反映城市供水系统的主要特征,包括供水、用水、耗水及排水;二是要能充分反映城市供水系统中各级输配水关系、各用水户的地理位置、水利工程与用水户的水力联系、水流的拓扑关系等;三是要准确地满足构建城市供水应急调度模型的需要。

(2)构建了基于规则的城市供水应急调度模型。基本原理:就是根据事先规定好的一系列规则,按照水源优先利用和优先用水户先满足的顺序,对工程参数、水库应急调度参数、水源的转换参数、水源的利用比例系数、最低的用水需求等进行合理设置,准确而迅速地解决存在与多水源、多用户、多工程的城市供水系统中的水文补偿与工程补偿作用及调度水源的顺序及调水量等的一系列调节计算问题。调度规则:就是事先规定了需要遵守的制度和章程,包括整体调度规则、水利工程运行规则、不同水源优先利用规则、不同行业用水规则与应急调度规则。最后对调度流程、求解方法及模型参数识别和修正进行了阐述。

(3)设计了应急管理系统,阐述了该系统的需求分析,包括系统总体分析、功能需求分析、数据需求分析、性能需求分析及系统运行环境需求分析;进而对系统数据库进行设计和建设,包括设计目标、设计原则和数据库内容;最后详细介绍了系统的设计和主要功能,包括系统的主界面、主要功能。主要功能有信息管理、应急预案管理、实时预警、应急调度和系统管理。

第 6 章　安阳市试点应用

目前,海河流域是国内地下水超采最严重的流域,而安阳市的地下水超采漏斗面积与规模较大,安阳市的地形比较复杂,以京广铁路为界,西部多为山丘区,偶有小型盆地,东部多为冲积平原。同时安阳市处在河南、河北、山西三省交界处,漳河是安阳市与河北省邯郸市的分界河,水事纠纷比较多,同时上游山西省发生水污染事件会严重影响安阳市的城市供水安全,2012 年发生的山西天脊煤化工集团股份有限公司因输送软管破裂导致的苯胺泄漏事故,对安阳市的城市供水造成了严重的威胁。另外,安阳市的城市供水水源既有地表水又有地下水,是红旗渠精神的故乡,有良好的工作基础,监测数据较为全面和系列性较好,具有代表性。因此,选安阳市为实例,分析了城市供水预报预警与应急调度技术,包括城市供水风险分析、枯季水库入流预报、地下水可开采量预报、预警标准、预警结果、应急调度网络图及应急调度算例。

6.1　概　况

6.1.1　自然地理

6.1.1.1　地理位置

安阳市位于河南省的最北部,地处山西、河北、河南三省交界处。西依巍峨险峻的太行山,东连一望无际的华北平原。现辖一市、四县、五区、一个国家级高新技术产业开发区、一个国家级经济技术开发区、一个省级高新技术开发区及九个省级产业集聚区。地理坐标东经在 113°37′~114°58′,北纬在 35°12′~36°22′,西部为山区,东部为平原。安阳市行政分区图如图 6-1 所示。

6.1.1.2　地形、地貌

安阳市西依太行山余脉,东接华北平原,地势西高东低,自西向东呈阶梯状下降,以京广铁路为界,西部多为山丘区,偶有小型盆地,海拔最高的山峰高度为 1 653 m。东部多为冲积平原,海拔最低的洼地高度仅为 50 m 左右。

地貌主要由六种自然形态组成,包括山地、山间盆地、丘陵、平原、岗地及泊洼。在林州市和安阳县西部主要分布有多为灰岩和变质岩系的山地,面积约为 1 956 km^2;在林州市境内主要有山间盆地分布,面积约为 247 km^2;林州市东部、安阳县、汤阴县西部主要分布有丘陵,面积约为 702 km^2;安阳市的地貌主要是地势平坦宽广的平原,面积约为 3 989 km^2,主要分布在安阳县东部、汤阴县大部,以及内黄、滑县境内;在滑县、汤阴县和内黄县境内主要分布泊洼地,面积约为 419 km^2。汤阴的火龙岗区就是所谓的岗地,面积约 100 km^2。

地貌由山地、山间盆地、丘陵、平原、岗地、泊洼六种自然形态组成。山地主要分布在

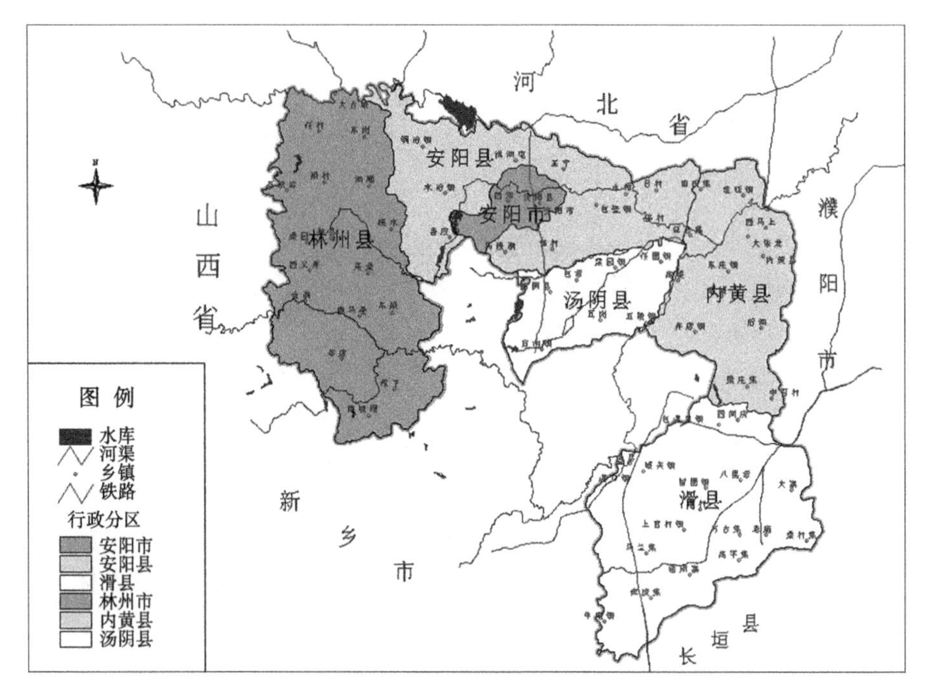

图 6-1　安阳市行政分区图

林州市和安阳县西部,山间盆地分布在林州市境内,主要有城关盆地、河涧盆地、临淇盆地,丘陵主要分布在林州市东部,是太行山余脉形成的山前丘陵,起伏延绵,多呈弧形分布,东部平原为安阳市的主要地貌特征。

6.1.1.3　气候特征

安阳的气候为典型的暖温带半湿润大陆季风气候,气候温和,四季分明,日照充足,雨量适中,春季温暖,夏季炎热多雨,秋季凉爽,冬季寒冷干燥,历年平均气温为 12.7～13.7 ℃。极端最高气温为 43.2 ℃,最低气温为-21.7 ℃。全年平均气压为 1 001.5 mbar,全年平均降雨量为 573 mm。

降雨量的时空分布不均匀,年际变化大,年内分配不均匀。根据安阳站的历史降雨量统计资料可知,安阳站多年平均降雨量为 565 mm,最大降雨量为 1 159 mm,发生在 1963 年,而最小降雨量仅为 267 mm,发生在 1965 年。另外,降雨量随着地形的高低变化也不一样,地形高的地方降雨量多,地形低的地方降雨量少。在一年内,降雨多集中在 7、8 月,这两个月的降雨量一般占全年降雨量的一半左右。

6.1.2　河流水系

安阳市境内河流分属海河流域和黄河流域。主要河流有洹河、金堤河、淇河、汤河等。过境河流有漳河、卫河。除金堤河属黄河流域外,其他均属海河流域漳卫河水系。人工渠道主要有红旗渠、跃进渠、漳南渠和万金渠。主要泉域有小南海泉和珍珠泉。

洹河:又名安阳河,洹河东流入内黄县至范阳口入卫河,全长 170 km,入卫河后向北流去,最后汇入海河,从天津入海。

漳河:源出山西省长治西部和北部山区,是长治市的母亲河,有清漳河和浊漳河两源,下游位于河北省、河南省之间,同时是安阳市和邯郸市的分界线。两源在河北省西南边境的合漳村汇合后称为漳河,向东流至馆陶入卫河。流域长466 km(至南陶),流域面积(至蔡小庄)为1.82万km^2。

汤河:发源于鹤壁市的孙圣沟,流经鹤壁市、汤阴县于内黄县西元村流入卫河,干流全长73.3 km,流域面积1 287 km^2。

金堤河:是黄河下游的一条支流,发源于河南省滑县,流经河南、山东两省的6个县,至台前县张庄入黄河。干流全长158.6 km,总流域面积5 047 km^2。主要支流有黄庄河和回木沟等。

淇河:属于海河流域,卫河支流。发源于山西省陵川县棋子山,向东流经河南省辉县、林州市、鹤壁市淇滨区、淇县及浚县,最后注入卫河。总长161 km,流域面积为2 142 km^2。

卫河:中国海河水系南运河的支流。发源于山西太行山,流经河南新乡、安阳,沿途接纳淇河、安阳河的水量,至河北馆陶与漳河汇合后称漳卫河;再流经山东临清入南运河,至天津入海河。总长度399 km,流域总面积1.5万km^2,流经安阳市长度为64 km。

小南海泉:位于安阳市的西部洹河河谷中,泉域面积为935 km^2。根据有关资料,在20世纪五六十年代,平均流量为6~7 m^3/s,近几年泉水流量衰减了一半,约为3 m^3/s。

珍珠泉:位于安阳市的西部水冶镇西1 km处,泉域面积为250 km^2,在1984年以前,多年平均流量约为1.89 m^3/s,从此以后多年平均流量减到约1.60 m^3/s,近几年已衰减到0.2 m^3/s。

漳南干渠:引自岳城水库,穿过西部丘陵区与万金渠相连。多年的平均引水量为4 112.29万m^3,近几年来引水量逐渐减少。

万金干渠:引自彰武水库,安钢、电厂的用水由万金干渠引水提供,供水量大约4 m^3/s。下游流经安阳市区后成为排污渠道,在安阳市东部此水用于农田灌溉。

此外,有两座水库修建在洹河上游:一是小南海水库,建于小南海泉以上,主要用来拦蓄洪水,水库控制汇水面积850 km^2,总库容1.07亿m^3,在1990~1993年间对小南海水库进行了除险加固,水库的渗漏比较严重,原因是库区底部石膏矿被群众开挖;二是彰武水库,位于西高平,主要用来接纳小南海泉水,水库控制汇水面积120 km^2,总库容0.78亿m^3,目前为安阳市重要的供水水源。

6.1.3　社会经济

近年来,安阳市作为河南省的重要工业基地,经济得到了快速发展,综合实力也在不断增强,已初步形成包括冶金、化工、医药、电力等在内的工业体系。全市有466家限额以上工业企业和64家大中型企业,其中在全国500强企业中就包括有两家公司属于安阳的,一个是安阳钢铁集团有限责任公司,一个是安彩集团有限责任公司。

截至2010年末,安阳全市总人口为548.5万人,其中安阳市市区人口121.76万人,城镇化率为40.4%,自然增长率5.05‰。全年生产总值完成1 311.3亿元,增长13.1%,其中市区生产总值为363.76亿元。全市完成工业增加值达到731.77亿元,其中市区完成191.53亿元。规模以上的工业增加值648.19亿元,比上年增长19.7%,占全部工业增加值的比重达88.5%,其中市区规模以上工业增加值为183.41亿元;实现利润183亿元,增长34%,11家企业入围河南省工业百强企业,人均生产总值25 000元,增长12%。

6.2 水资源条件及开发利用形势

6.2.1 水资源条件

6.2.1.1 水资源量

全市在多年平均情况下,降水量为573.53 mm,水面蒸发量为1 074.99 mm,陆面蒸发量为631.2 mm,干旱指数为1.9。

全市多年平均水资源总量为16.40亿 m^3(含微咸水0.66亿 m^3),其中地表水资源量为8.57亿 m^3,地下水资源量为14.68亿 m^3,地表水与地下水重复计算量为6.85亿 m^3,水资源量评价结果见表6-1,客水资源量为5.46亿 m^3。全市多年平均产水系数为0.386,与河南省和黑龙江省1998年的平均产水系数(0.38)大致相当,是1998年全国平均产水系数(0.50)的77%;其人均占有水资源量为322 m^3/人,为全国人均占有水资源量的1/7;亩均占有水资源量为301 m^3/亩(1亩=1/15 hm^2,全书同),为全国亩均占有水资源量的1/6,两者都低于河南省的平均水平(人均占有水资源量470 m^3/人,亩均占有水资源量400 m^3/亩)。

表6-1 水资源量评价结果 (单位:亿 m^3)

行政分区	地表水资源量	地下水资源量	地表水与地下水重复计算量	水资源量
市　区	0.22	0.96	0.27	0.91
林州市	5.04	3.56	2.94	5.65
安阳县	1.88	3.93	1.83	3.98
汤阴县	0.52	1.39	0.62	1.29
滑　县	0.56	3.01	0.85	2.72
内黄县	0.35	1.84	0.33	1.86
合　计	8.57	14.68	6.85	16.40

全市的多年平均可利用的水资源总量为11.94亿 m^3,其中可利用的地表水资源量为5.35亿 m^3,可利用的地下水资源量为10.85亿 m^3,地表水与地下水重复利用量为4.27亿 m^3;客水资源可利用量为4.37亿 m^3。

6.2.1.2 水资源质量及污染态势

随着安阳市工业和城市的快速发展,产生了大量工业废水和生活污水。由于城市污水设施建设严重滞后,导致大量废污水直接排入河库,造成水资源不同程度污染。2010年依照《地表水环境质量标准》(GB 3838—2002)对卫河、淇河、汤河、羑河、洪水河、茶店坡沟、安阳河、硝河、浊漳河、金堤河、黄庄河、柳青河调查监测的20个水质站进行水质评价：Ⅰ类0个，占0%；Ⅱ类2个，占10.0%；Ⅲ类1个，占5.0%；Ⅳ类2个，占10.0%；Ⅴ类2个，占10.0%；劣Ⅴ类13个，占65.0%。Ⅰ~Ⅲ类比例占总数的15.0%，Ⅳ~劣Ⅴ类比例占总数的85.0%。其中，卫河安阳市境内全年水质类别为劣Ⅴ类，汤河全年水质类别为劣Ⅴ类，洪水河全年水质类别为劣Ⅴ类，茶店坡沟全年水质类别为劣Ⅴ类，安阳河横水站以上全年水质类别为劣Ⅴ类，南海泉区间全年水质类别为Ⅱ类，彰武水库区间全年水质类别为Ⅳ类，北士旺区间全年水质类别为Ⅳ类，安阳站至入卫河口全年水质类别为劣Ⅴ类，浊漳河全年水质类别为Ⅲ类，汤河水库属中度富营养状态，彰武水库属轻度富营养状态。

2010年全市地下水功能区监测井11眼，其中：市区1眼，安阳县2眼，汤阴县2眼，滑县2眼，内黄县2眼，林州市2眼。依据《地下水质量标准》(GB/T 14848—1993)评价，属Ⅴ类共计11眼，占监测总数的100%；属"较差"共计1眼，占监测总数的9.1%；属"极差"共计10眼，占监测总数的90.9%。依据《生活饮用水卫生标准》(GB 5749—2006)评价，符合标准的监测井0眼，占监测总数的0%。依据《农田灌溉水质标准》(GB 5084—1992)评价，符合标准监测井4眼，占监测总数的36.4%。

市区动态监测井29眼。依据《地下水质量标准》(GB/T 14848—1993)评价，属"良好"10眼，占监测总数的34%；属"较差"共18眼，占监测总数的62%；属"极差"1眼，占监测总数的4%。依据《生活饮用水卫生标准》(GB 5749—2006)评价，符合生活饮用水标准的监测井4眼，占监测总数的13.8%。依据《农田灌溉水质标准》(GB 5084—1992)评价，符合农田灌溉水质标准监测井29眼，占监测总数的100%。

总之，安阳市水资源污染问题日趋严重，已对全市供水安全和人民身体健康及社会经济的可持续发展构成了很大的威胁。因此，安阳市应该对水污染进行积极有效的治理，否则未来的缺水问题将更加严重和尖锐，将会同时受到资源型缺水和污染型缺水的双重压力，给全市供水安全造成越来越严重的威胁，对安阳市社会经济可持续发展构成严峻的挑战。

6.2.2 水资源开发利用现状

6.2.2.1 水利工程

安阳市水利建设历史悠久，尤其是中华人民共和国成立后，兴建了大量水利工程。截至2010年底，全市总共有8座大中型水库和110座小型水库。其中，大中型水库的总库容达到3.87亿m^3，兴利库容为1.69亿m^3；小型水库的总库容达到0.63亿m^3；人工渠道主要有红旗渠、跃进渠、漳南渠和万金渠等；万亩以上灌区7处，设计灌溉面积239万亩；机电井81 543眼，机电排灌站467处；耕地总面积598万亩，有效灌溉面积444万亩，节水灌溉面积358万亩，旱涝保收田317万亩。

6.2.2.2 供水量及变化趋势

2010年安阳市总供水量为13.16亿m^3，其中地表水源供水3.61亿m^3，地下水源供水9.55亿m^3。其中蓄水工程供水量1.31亿m^3，占总供水量的9.95%；引提水工程供水量2.30亿m^3，占总供水量的17.48%；提取浅层地下水7.50亿m^3；提取深层承压水2.05亿m^3。

随着节水型社会建设的深入，虽然安阳市人口增长和国民经济在不断发展，但是安阳市水资源开发利用规模呈缓慢下降态势。全市总供水量由1998年的21.14亿m^3减少到

2010年的13.16亿m^3,年均递减率为3.87%。其中地表水供水量由1998年的3.95亿m^3减少到2010年的3.61亿m^3,年均递减率为0.75%;地下水供水量由1998年的17.19亿m^3减少到2010年的9.55亿m^3,年均递减率为4.78%。

6.2.2.3 用水量、耗水量及用水效率

1.用水量

2010年全市用水总量13.16亿m^3,其中农田灌溉用水量8.74亿m^3,占总用水量的66.4%;工业用水量1.79亿m^3,占总用水量的13.6%;林牧渔用水量0.69亿m^3,占总用水量的5.2%;生活用水量1.43亿m^3,占总用水量的10.9%,生态环境用水量0.51亿m^3,占总用水量的3.9%。

1998年以来,全市用水量呈缓慢下降态势。总用水量由1998年的21.14亿m^3减少到2010年的13.16亿m^3,年均递减率为3.87%。其中农田灌溉用水量由1998年的16.21亿m^3降低到2010年的8.74亿m^3,年均递减率为5.02%;工业用水量由1998年的3.49亿m^3减少到2010年的1.79亿m^3,年均递减率为5.43%;城乡生活用水量由1998年的1.40亿m^3增加到2010年的1.43亿m^3,年均递增率为0.18%;生态环境用水量由1998年的0.05亿m^3增加到2010年的0.51亿m^3;年均递增率为21.35%。

2.耗水量

2010年全市总耗水量为9.30亿m^3,其中农田灌溉用水耗水量为7.25亿m^3,占总用水耗水量的77.9%;工业用水耗水量为0.44亿m^3,占总用水耗水量的4.7%;林牧渔用水耗水量为0.61亿m^3,占总用水耗水量的6.6%;生活耗水量0.90亿m^3,占总耗水量的9.7%;生态耗水量0.10亿m^3,占总耗水量的1.1%。

3.用水效率

2010年全市人均用水量239.5 m^3,万元GDP(当年价)用水量114.1 m^3,农业灌溉亩均用水量206.5 m^3,万元工业增加值(当年价)用水量24.0 m^3,城镇居民生活人均日用水量174.5 L,农村居民生活人均日用水量45.1 L。

6.2.2.4 水资源开发利用程度及潜力

现状年2010年全市水资源开发利用程度总体已经较高,地表水利用率为67.5%(地表水利用率为地表水供水量占地表水可利用资源量的百分数),平原区地下水开采率为69.1%(平原区地下水开采率为浅层地下水开采量占地下水可利用资源量的百分数),地下水供用水量大于地表水,占总用水量的72.6%,说明安阳市当地水资源开发利用形势不容乐观,未来已无进一步大规模开发利用的潜力。

根据缺水类型的划分标准,安阳市的缺水总体上属于资源型缺水,局部区域属于工程型或污染型缺水。因此,解决安阳市缺水问题,需要在节水、治污和产业结构调整的基础上,通过当地水挖潜、适度开源和修建南水北调东线工程等综合措施加以解决。

6.2.3 水资源开发利用中存在的问题

安阳市在水资源开发利用中主要存在问题有:①水资源短缺和供需矛盾突出,严重威胁了全市供水安全和可持续发展;②水污染问题严重,对城乡饮用水安全构成严峻挑战;③局部区域地下水超采,已影响了当地水资源的可持续利用和供水安全;④水资源开发利

用不协调,增大了全市水资源配置难度;⑤水资源的统一管理、调配和监控力度不够,影响了全市水资源的优化配置和高效利用。

6.3　城市供水风险分析

目前市区地表水年用水量占年总用水量的比例接近 50%,如遇连续干旱年、特殊干旱年、突发水污染事故等状态,则存在较大的供水风险。市区地下水埋深自 1978 年以来下降了 20 多 m,其中安钢、电厂周围最为严重,地下水埋深已达 30~40 m(最大达 47 m多),目前市区四分之一区域存在地下水水位降落漏斗,降低了城市供水的安全性。旧城区给水管网漏失严重,部分管道陈旧老化、管径小、供水压力低,此外部分自备水源井存在不同程度的污染,城市水源储备和应急供水设备储备不足,管理及工程技术措施未完全落实,缺乏应对突发性水污染事故的监测系统,以上皆为安阳市市区安全供水的风险因素。

根据《全国城市饮用水水源地安全保障规划技术大纲》相关评价标准,安全状况指数分为五个等级,分别以 1、2、3、4、5 表达,数字越小,安全等级越高。安阳水务集团公司第一水厂至第四水厂水源地水质安全评价指数均为 2,第五水厂地表水水质安全指数为 3;地下水超采率为 107%,水量安全状况指数为 3。

6.4　枯季供需水情势预报

6.4.1　水库入流预报

安阳市城市地表水源主要包括小南海水库、彰武水库、岳城水库。其中,岳城水库通过五水厂给市政管网供水,彰武水库给企业供水。由于岳城水库位于邯郸市,其来水量与可供水量不易给出。因此,对彰武水库与小南海水库的来水量作为衡量安阳市地表水丰枯形势的判别标准。

6.4.1.1　小南海水库

1. 资料分析与预报因子选取

1) 水文站

选取横水水文站的实测径流资料作为小南海水库入流预报的因子之一。

2) 雨量站

由于小南海水库上游雨量站资料不足,考虑到研究区域面积不大,各站降水量一致性较好,选取小南海雨量站作为小南海水库入流预报参数。

2. 面向应急预警的预报模型训练、检验分析

根据安阳河流域的降水和产汇流特点,将枯季(每年 10 月至次年 5 月)划分为两个预报时段:10 月至次年 1 月、2~5 月,并对每个预报时段的径流规律进行成因分析,确定其主要影响因素,为建模提供依据。最后,利用小南海水库枯季入库径流量、上游汛期降水量、汛末入库径流量和枯季降水量等实测系列资料,对所建立的 BP 网络模型进行训练、检验,并通过分析和对比,为水库径流实时预报提供一套预报精度较高的推荐预报模

型。推荐预报模型的训练和检验分析结果,见表 6-2~表 6-4。

表 6-2　BP 网络模型训练参数与误差

项　目	小南海水库	
	模型Ⅰ	模型Ⅱ
学习效率	0.8	0.8
动量因子	0.75	0.8
训练次数	20 000	20 000
整体误差	0.002 72	0.003 86

表 6-3　BP 网络模型Ⅰ检验结果

年份	时段 1(10 月至次年 1 月)			时段 2(2~5 月)		
	实测值(万 m^3)	预报值(万 m^3)	相对误差(%)	实测值(万 m^3)	预报值(万 m^3)	相对误差(%)
2005~2006	3 807.7	3 685.7	-3.20	862.9	906.3	5.03
2006~2007	2 984.8	3 107.4	4.11	1 040.1	1 135.2	9.14
2007~2008	4 634.6	4 381.9	-5.45	2 612.4	2 216.8	-15.14
2008~2009	472.3	512.5	8.51	953.6	1 085.9	13.87

表 6-4　BP 网络模型Ⅱ检验结果

年份	时段 2(2~5 月)		
	实测值(万 m^3)	预报值(万 m^3)	相对误差(%)
2005~2006	862.9	885.1	2.57
2006~2007	1 040.1	1 105.6	6.30
2007~2008	2 612.4	2 443.9	-6.45
2008~2009	953.6	1 012.6	6.19

利用小南海雨量站系列资料(1970~2010 年),分析和计算汛期 6~9 月的降水量 P_{6-9} 和枯季 10 月至次年 1 月的降水量 P_{10-1} 系列。结果表明,小南海水库 10 月至次年 1 月的平均流量 Q_{10-1} 与横水水文站控制断面的 9 月下旬平均流量 Q_{9x} 和小南海雨量站汛期的降水量 P_{6-9} 的相关关系很明显,而小南海水库 2~5 月的平均流量 Q_{2-5} 与横水水文站控制断面 1 月的平均流量 Q_1 和小南海雨量站 10 月至次年 1 月的降水量 P_{10-1} 具有明显的相关关系,所以说可以通过构建人工神经网络模型来实时预报枯季 10 月至次年 1 月和

2~5月的平均径流量。

选择1970~2004年35年系列资料作为已知样本，对网络进行训练，用2005~2010年的样本对网络进行验证。根据上面的分析可知，建立小南海水库枯季10月至次年1月平均流量与横水水文站控制断面9月下旬平均流量Q_{9x}及小南海雨量站6~9月的降水量P_{6-9}网络模型Ⅰ，预报小南海水库10月至次年1月径流量Q_{10-1}和2~5月径流量Q_{2-5}，其输入层节点N_1为2个，隐含层节点N_2为5个，输出层节点N_3为2个，具体结构见图6-2；构造横水水文站控制断面9月下旬的平均流量Q_{9x}、1月的平均流量Q_1和小南海雨量站10月至次年1月的降水量P_{10-1}，预报小南海水库2~5月径流量Q_{2-5}的BP网络模型Ⅱ，其输入层节点N_1为3个，隐含层节点N_2为5个，输出层节点N_3为1个，具体结构见图6-3；将样本数据Q_{9x}、P_{6-9}和Q_{10-1}，做归一化处理，将其作为BP网络模型Ⅰ的输入（Q_{9x}、P_{6-9}）和期望输出（Q_{10-1}）；再对Q_1、Q_{10-1}以及Q_{2-5}做归一化处理，将其作为BP网络模型Ⅱ的输入（Q_1、p_{10-1}）和期望输出（Q_{2-5}）。取$\eta=0.75$，动量因子$\alpha=0.90$，训练精度10^{-3}，分别将满足设定条件的检验样本输入到训练好的模型Ⅰ和模型Ⅱ，进行检验模型。最后，再把径流量进行非归一化处理得到非归一化的径流量。其模型检验结果见表6-3、表6-4。

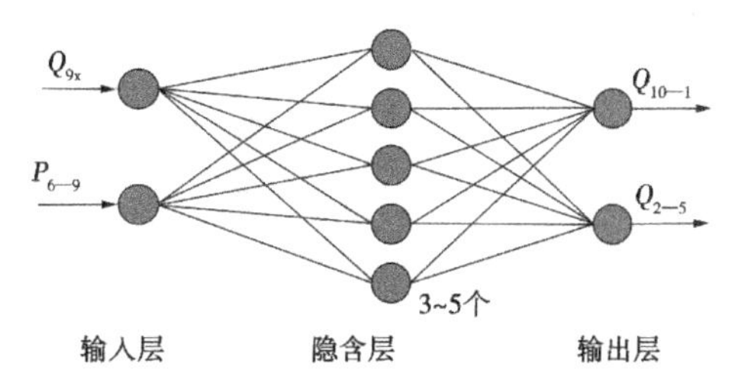

图6-2　小南海水库神经网络预报模型Ⅰ

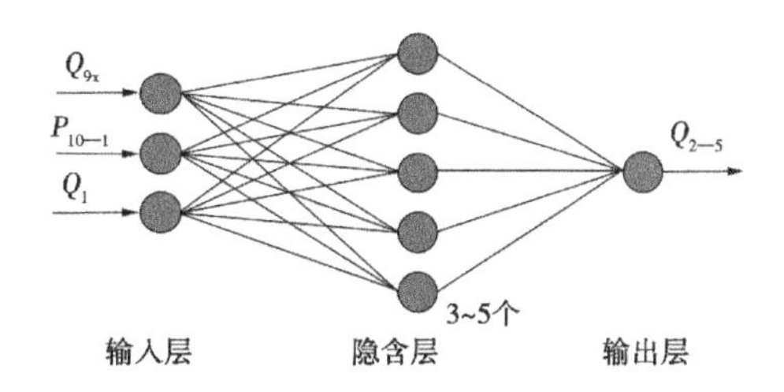

图6-3　小南海水库神经网络预报模型Ⅱ

由检验结果表6-3、表6-4表明，BP网络模型Ⅰ、BP网络模型Ⅱ预报精度是很高的，预报检验误差合格率（误差小于10%）为80%以上，符合预报精度要求。

6.4.1.2　彰武水库

1. 资料分析与预报因子选取

彰武水库入流量主要受小南海水库下泄流量与小南海泉的用水量影响，经过对历史资料的分析，彰武水库的入流主要为小南海泉涌水量（78.4%以上，见表6-5），并且考虑到小南海水库下泄量的人为干扰性比较大，为此将小南海泉的涌水量和小南海泉雨量站的实测降水量作为预报因子，预报彰武水库入库径流量。

表 6-5　彰武水库主要入流影响因素分析

入流	年份	1 月	2 月	3 月	4 月	5 月	6 月	7 月	8 月	9 月	10 月	11 月	12 月	全年
小南海泉	2006	1 896. 5	1 742. 4	1 936. 5	1 671. 8	1 532. 0	1 548. 6	1 565. 1	1 734. 3	1 783. 3	1 917. 7	1 899. 9	1 992. 7	21 220. 9
	2007	1 786. 5	1 497. 5	1 609. 7	1 508. 5	1 467. 8	1 444. 0	1 462. 4	1 810. 6	1 726. 3	1 909. 7	1 892. 2	1 856. 1	19971. 3
	2008	1 749. 0	1 656. 2	1 750. 0	1 475. 0	1 567. 0	1 501. 0	1 462. 0	1 594. 0	1 526. 0	1 570. 0	1 498. 0	1 511. 0	18 859. 2
小南海水库下泄量	2006	158. 8	16. 2	573. 2	730. 9	1 111. 5	635. 0	1 309. 7	1 114. 2	0	15. 0	495. 1	616. 0	6 775. 8
	2007	776. 7	200. 6	474. 1	373. 2	203. 6	583. 2	0	101. 2	282. 5	348. 2	725. 8	1 210. 6	5 279. 7
	2008	0	13. 5	1 055. 3	1 026. 4	0	1 272. 7	905. 3	224. 2	0	0	0	29. 7	4 527. 2

2. 面向应急预警的预报模型训练、检验分析

选取1970~2004年35年系列资料作为已知样本,对网络进行训练,用2005~2010年的样本对网络进行验证。根据上面的分析可知,构造根据小南海泉9月下旬的平均涌水量 Q_{9x} 和小南海雨量站汛期的降水量 P_{6-9},预报彰武水库10月至次年1月径流量 Q_{10-1} 和2~5月径流量 Q_{2-5} 的网络模型Ⅰ,其输入层节点 N_1 为2个,隐含层节点 N_2 为5个,输出层节点 N_3 为2个,具体结构见图6-4;构造根据小南海水文站控制断面9月下旬的平均流水量 Q_{9x}、1月平均流量 Q_1 和小南海雨量站10月至次年1月降水量 P_{10-1},预报彰武水库2~5月径流量 Q_{2-5} 的BP网络模型Ⅱ,其输入层节点 N_1 为3个,隐含层节点 N_2 为5个,输出层节点 N_3 为1个,具体结构见图6-5;将样本数据 Q_{9x}、P_{6-9} 和 Q_{10-1} 进行归一化处理,作为BP网络模型Ⅰ的输入(Q_{9x}、P_{6-9})和期望输出(Q_{10-1});对样本 Q_1、P_{10-1} 和 Q_{2-5} 进行归一化处理,作为BP网络模型Ⅱ的输入(Q_1、P_{10-1})和期望输出(Q_{2-5})。取 $\eta=0.75$,冲量因子 $\alpha=0.90$,训练精度 10^{-3},分别将满足设定条件的检验样本输入到训练好的模型Ⅰ和模型Ⅱ中,进行检验模型。最后对径流量进行非归一化处理得到非归一化的径流量。其模型检验结果见表6-6、表6-7。

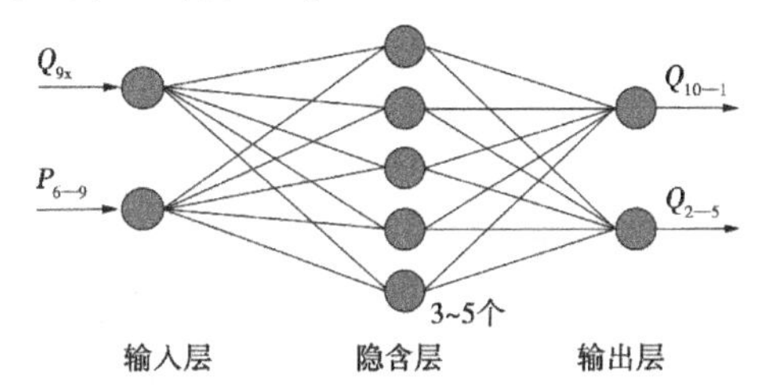

图6-4　彰武水库神经网络预报模型Ⅰ

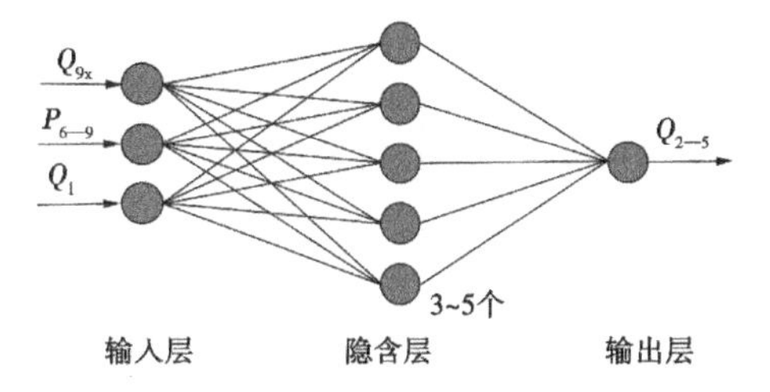

图6-5　彰武水库神经网络预报模型Ⅱ

表6-6　BP网络模型Ⅰ检验结果

年份	时段1(10月至次年1月)			时段2(2~5月)		
	实测值(万 m^3)	预报值(万 m^3)	相对误差(%)	实测值(万 m^3)	预报值(万 m^3)	相对误差(%)
2005~2006	9 380	8 850	-5.65	8 380	7 986	-4.70
2006~2007	8 580	8 948	4.29	6 780	7 190	6.05
2007~2008	7 860	8 012	1.93	7 270	7 217	-0.73
2008~2009	5 570	5 932	6.50	5 260	5 648	7.38
2009~2010	4 850	5 318	9.65	3 180	3 367	5.88

表 6-7　BP 网络模型Ⅱ检验结果

年份	时段 2(2~5 月)		
	实测值(万 m^3)	预报值(万 m^3)	相对误差(%)
2005~2006	8 380	8 125	-3.04
2006~2007	6 780	7 035	3.76
2007~2008	7 270	7 450	2.48
2008~2009	5 260	5 023	-4.51
2009~2010	3 180	3 476	9.31

从表 6-6、表 6-7 可以看出,BP 网络模型Ⅰ、BP 网络模型Ⅱ预报精度是很高的,预报检验误差合格率均为 100%,符合预报精度要求。

6.4.2　地下水可开采量预报

6.4.2.1　区域水文地质条件

1. 地下水赋存条件

安阳市平原区,地处太行山东麓,自第四纪以来接受了太行山剥蚀下来的大量碎屑物质,构成了巨厚的第四纪沉积物,第四纪沉积物具有明显的岩相分带性,加上太行山地表径流的强烈补给及半湿润气候条件,因而构成了山前冲洪积扇形的水文地质单元。由于黄河频繁改道和洪水泛滥带来大量冲积物,与山前冲洪积物交错沉积,形成了明显的两大水文地质特征:山前倾斜平原及黄河冲积平原。

本次研究的主要含水层为第四系潜水含水层。

2. 地下水补径排条件

地下水的补给、径流、排泄特征受地形、地貌、岩性、构造、水文气象及人为活动的影响。因此,研究区洹河冲洪积扇松散层孔隙水的补给、径流、排泄条件分述如下。

1)地下水的补给

降水下渗和河渠渗漏是本书研究区域的地下水补给的主要来源,另外还有农田灌溉回归水及侧向补给水量。区内地形平坦,地表径流滞缓,包气带岩性多为粉土,有利于降水入渗补给。根据以往水位监测资料,洹河水位均高于地下水位,常年垂直入渗补给地下水。区内的万金渠、漳南渠、洹东渠和洪河也具有渗漏补给地下水的作用,研究区内井灌与渠灌并举,大面积的农田灌溉回渗是补给地下水的一项重要方式,北部侧向径流也对地下水有一定的补给。

洹河冲洪积扇的中部是地下水集中开采区,即漏斗中心区,由于多年集中开采,形成了巨大的地下水位降落漏斗,降落漏斗在扩张的过程中,改变了区域地下水补给状况。首先是因汇水面积的扩大增加了大气降水入渗补给范围,其次是激发了一定量的侧向径流补给,但其中最为重要的是由于降落漏斗的扩张改变了洹河与地下水的补排关系,洹河由排泄地下水到侧向补给地下水以至现在大量垂直补给地下水,成为监测区地下水的一项重要的补给来源。

2)地下水的径流

研究区地下水的总体流向是由西向东,由于近几年气候干旱和超量集中开采,已在安阳市形成大面积地下水下降漏斗。地下水下降漏斗的形成,改变了地下水原来的径流方向,使得周围的地下水集中向漏斗中心径流。总体来说,研究区内地下水含水层透水性良好,径流条件较好,但径流强度受含水介质的不同和分布规律影响而有一定的差异。

3)地下水的排泄

研究区地下水的排泄方式主要为人工开采,其次以内黄县东北部侧向径流排泄,由于地下水位埋藏均较深(一般大于5 m),蒸发排泄在安阳市平原区内极其微弱。

3.地下水化学特征

研究区地下水多为HCO_3-Ca·Mg(Ca)型淡水,矿化度多小于1 000 mg/L,为工业、农业和生活用水的主要水源。以下分别叙述洹河冲洪积扇孔隙水相对枯水期和相对丰水期的水化学特征。

1)相对枯水期(2010年12月)

洹河冲洪积扇区地下水水化学类型及其分布面积变化都不大,地下水水化学类型主要为HCO_3-Ca或Ca·Mg型和HCO_3·SO_4-Ca或Ca·Mg型水,pH为7.04~7.84,矿化度多小于1 000 mg/L。

洹河冲洪积扇周边区地下水水化学类型仍为HCO_3·SO_4-Ca·Mg型,但柴库附近的地下水氯离子含量仍较高,其水化学类型仍为HCO_3·Cl-Ca·Mg型;纱厂东加油站附近的地下水钠离子含量较2009年同期升高,其水化学类型为HCO_3-Ca·Na·Mg型,其原因尚不清楚,需待查。西苏里监测点的氯离子含量下降,其水化学类型由2009年同期的SO_4·Cl-Ca·Mg型转变为SO_4·HCO_3-Ca·Mg型。

研究区的局部地带(主要指安阳市区的东南部分水岭附近),由于受到少许污染,地下水水化学类型为HCO_3·Cl-Ca·Mg或Ca型水,此类型水质分布区域较2009年同期有所缩小。

洹河冲洪积扇下游区仍以HCO_3-Ca·Mg(Ca)型水为主,个别监测点如前尊贵和物探队仍为Cl·HCO_3-Ca·Mg型水。东小庄附近的水可能受到污染,氯离子含量增高,其水化学类型由2009年同期的HCO_3-Ca·Mg型演变为HCO_3·Cl-Ca·Mg型。

2)相对丰水期(2010年7月)

洹河冲洪积扇区地下水水化学类型主要为HCO_3·SO_4-Ca·(Mg)型和HCO_3·(SO_4)·Cl-Ca·Mg型水。pH为7.01~8.06,矿化度多小于1 000 mg/L。

HCO_3·(SO_4)·Cl-Ca·Mg型主要分布在分水岭附近,即纱厂东加油站—军分区—物探队—大定龙一带;分布面积较2009年同期有所减小,洹河冲洪积扇下游区由2009年的HCO_3·Cl-Ca·Mg型转变为HCO_3·SO_4-Ca·(Mg)型水。

点状污染源与2009年同期相比,申家岗附近地下水由2009年的HCO_3-Ca·Mg演变为HCO_3·SO_4-Ca·Mg,硫酸根离子含量由2009年同期的88.38 mg/L上升为115.46 mg/L,上升幅度为31%。北流寺附近仍为HCO_3·SO_4-Ca型水,但硫酸根离子含量由2009年同期的140.97 mg/L上升为153.55 mg/L。柴库附近地下水仍为HCO_3·Cl-Ca·Mg型,但氯离子含量由2009年同期的118.33 mg/L演变为144.71 mg/L,上升幅度达22%。

东漳涧(2010年新增取样点)附近地下水的化学类型为SO_4·Cl-Ca·Mg型,其中硫酸根含量为476.07 mg/L,超过生活饮用水标准(250 mg/L)的0.9倍;氯离子含量为170.16 mg/L。前尊贵附近由2009年同期的HCO_3·Cl-Ca·Mg演变为Cl·HCO_3-Ca·Mg,氯离子含量由2009年的229.61 mg/L上升到270.13 mg/L,高出生活饮用水标准(250 mg/L)20.13 mg/L。造成硫酸根和氯离子逐年上升的原因可能是生活污水和工农业废水造成的,其具体原因需进行专项调查,进一步查明。

3)相对丰水期(2010年7月)与相对枯水期对比(2010年12月)

相对丰水期与相对枯水期对比,洹河冲积扇和丘陵区的主要水化学类型基本一致;HCO_3·SO_4·Cl-Ca·Mg型水的分布范围略有变化,相对枯水期时主要分布在大八里庄—三里屯—大定龙一带,相对丰水期时主要分布在纱厂东加油站—军分区—物探队—大定龙一带。

6.4.2.2 平原区地下水数值模拟模型

众所周知,目前我国的地下水监测主要是通过地下水位和水质监测而实现的,而地下水管理又往往以地下水可开采量指标来衡量和表征。因此,如何根据实时监测的水位信息,来实时预报地下水可开采量是本书研究的重点。

为了更好、更准确地建立安阳市平原区地下水位与可开采量之间的定量关系,首先构建该区地下水数值模拟模型,通过模型识别和验证,确定其水文地质参数和各项补排均衡量,并在此基础上建立面向地下水数值模拟模型的地下水位与可开采量之间的定量关系,从而通过实时监测的地下水位来实时预报地下水可开采量。

安阳市的平原区包括安阳市区、安阳县的东部平原区、汤阴县的东北大部和内黄县。2011年6月1日起,河南省正式开展省直管县行政体制改革试点工作,滑县为河南省十个省直管县试点县之一,故本次模拟范围不包括滑县,总模拟面积为2 536.8 km^2。

一般来说,地下水的水量变化能通过地下水的水位升高与降低来反映,因此在对一个区域的地下水水资源评价与管理中,通常通过地下水位的变化来判断地下水资源量的多寡,以前的地下水数值模型都是预报一个时段或多年平均情况下的地下水位变化,本次建立的地下水数值模型是实时预报地下水位的变化情况。根据渗流理论,构建安阳市平原区地下水流数值模型,通过GMS软件首先对监测数据进行调用、处理等,然后导入模型,最后运行模型,从而实现实时、高效、快捷的地下水可开采量预报。

1.模拟区概况

本次选取安阳市平原区作为地下水数值计算区域,具体包括安阳市区全区(约166.5 km^2)、安阳县东部的平原区(约786.3 km^2)、汤阴县大部(约438 km^2)和内黄县的全部(1 146.0 km^2),总面积2 536.8 km^2。具体计算区域,见图6-6。

2.区域水文地质条件

根据安阳市平原区的区域水文地质条件和地下水资源的开发利用等情况,分析和研究安阳市平原区地下水的补径排条件、含水层分布规律及其主要特征、埋藏条件、动态特征以及水化学特征等。

安阳市的东部平原区位于太行山东麓,从第四纪开始从太行山剥蚀下来的碎屑物质逐渐堆积,就形成了较厚的第四纪沉积层,该层沉积物的特点具有明显岩相分带性,在此

图6-6　安阳市平原区地下水数值计算区域分布图

基础上，再加上太行山强烈的地表径流补给和半湿润的气候条件，就构成了山前的冲洪积平原水文地质单元。另外，因为山前的冲洪积物与黄河的频繁改道及泛滥的洪水带来的大量沉积物交错沉积，因此就形成了显著的黄河冲积和山前倾斜两个平原水文地质单元特点。

主要为孔隙潜水的平原区地下水主要包括两部分：一部分为山前冲积平原的孔隙潜水，另一部分为河谷的潜水。浅层承压水主要分布在山前倾斜平原的前缘地带和黄河冲积平原内，其含水层为中粗、中细及粉细砂层等。形成潜水的条件具有明显的分带性，在山前倾斜平原地带区地下水埋藏较深，该处有较薄的表土层，在其下部有卵砾石层，易得到地表水流和当地的降雨垂直补给，因此被称为渗入带（深埋带），此带具有单一的含水层和较强的富水性。渗入带以东，伴随着地形突然变缓，迅速过渡到浅藏带（径流带），此带具有较浅的地下水埋深，因为岩相发生了变异，从而就形成了两个含水层，上面为潜水含水层，下面为承压含水层。

安阳市平原区大面积分布着承压含水层，此层的组成物质主要为砂砾石和中粗砂层，其隔水顶、底板的组成物质为亚黏土，连续性不好，产状复杂；此层主要埋藏在地面以下30~50 m处，主要的补给来源为侧向补给，主要排泄方式为越流补给和人工开采。

由于人为因素或自然因素变化，特别是人工大量开采地下水作为饮用水源以及修建水利工程后，地下水循环条件将有所改变，尤其影响了区域地下水位变化。安阳市平原区地下水动态变化特征，见图6-7、图6-8。

从图6-7和图6-8中可以看出，安阳市区汛前（6月1日）和汛后（9月1日）地下水位除“安阳市18”井在2007年有巨大波动外，其他观测井均呈现季节性波动，呈多年缓慢下

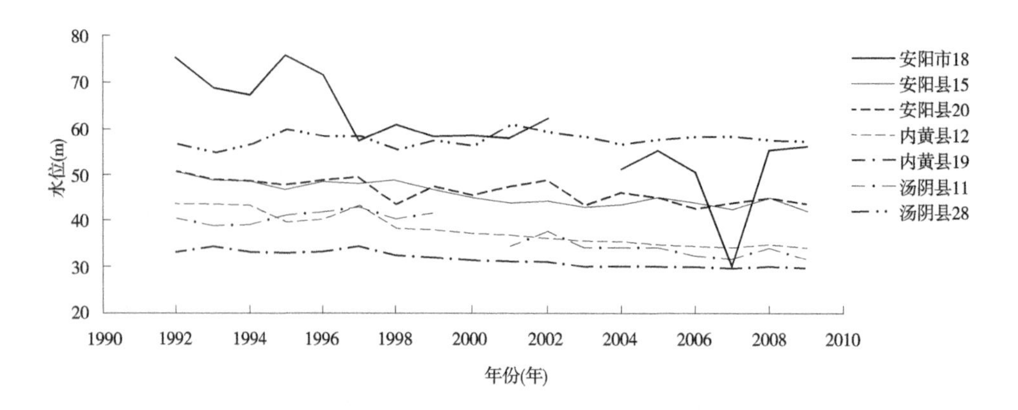

图 6-7　安阳市平原区汛前代表监测井(6 月 1 日)地下水位过程线

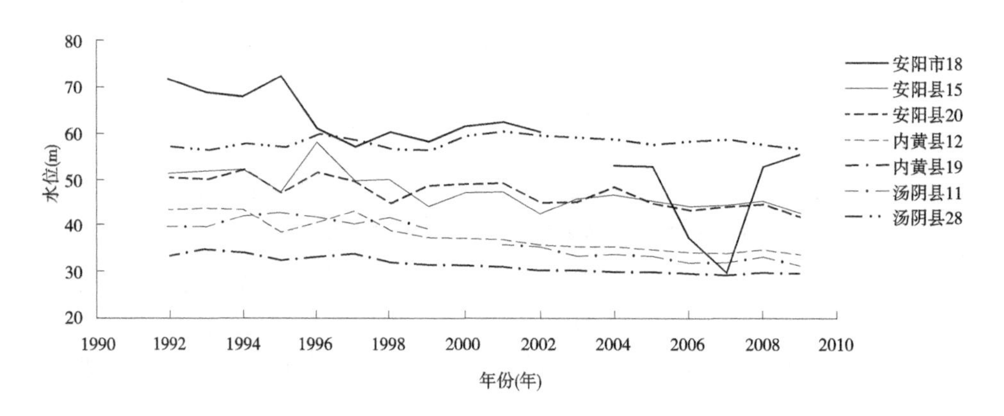

图 6-8　安阳市平原区汛末代表监测井(9 月 1 日)地下水位过程线

降的趋势。经调查了解,“安阳市 18”井为安阳市皇甫村的生活供水井,因连续抽水,水位持续下降。平原区内地下水位一般在 25~76 m。地下水位在 1995 年以前相对比较稳定,而在 1995 年以后由于地下水开采量的增加,下降趋势有所增大。

3. 构建水文地质概念模型

根据对现有水文地质条件的综合分析,抽象和概化地下水的实际复杂水资源系统,使概化后的地下水资源系统既能满足模型的模拟需要,又不失实际的主要特征,这样建立起来的概念性模型,称为地下水资源系统概念模型或水文地质概念模型。

1) 水文地质条件概化

在对安阳市平原区水文地质条件分析和研究的基础上,同时考虑到地下水位的长期监测资料、统测资料和地下水可开采量等,将安阳市平原区地下水开采层概化为统一的地下水资源系统,并将该系统概化为非均质各向同性的、与外界环境有密切联系的开放性系统;由于长期集中开采,在安阳市区已形成了一个较稳定的开采降落漏斗,计算区域内地下水径流方向以西南向东北运行。而安阳市中心则以漏斗为中心,从四周向中心汇聚,因此将系统的部分边界概化为第一类的水头边界;将地下水的水动力特征概化为微承压准三维非稳定流,并且符合达西定律。

2)水文地质参数分区概化

根据安阳市平原区水文地质条件和包气带特点,将水文地质参数按照渗透系数、给水度和入渗补给系数等三种参数划分参数分区。

(1)渗透系数分区。根据安阳市平原区水文地质条件来进行划分。共划分为 8 个分区(见图 6-9),并将每一分区概化为均质各向同性的,其中每个分区的渗透系数初值根据野外抽水试验资料,并结合渗透系数经验数值(见表 6-8)综合确定。

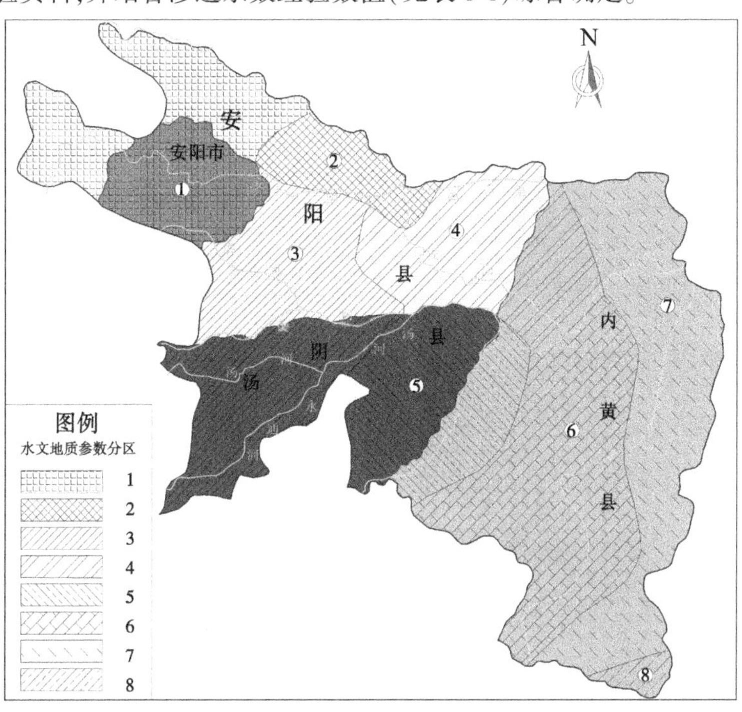

图 6-9　安阳市平原区渗透系数及给水度分区

表 6-8　水文地质参数参考值统计表

松散岩石名称	渗透系数 K (m/d)	给水度 μ		
		最大	最小	平均
亚砂土	0.10~0.50	—	—	—
粉细砂	1.00~5.00	0.19	0.03	0.18
细砂	5.00~10.00	0.28	0.10	0.21
中砂	10.00~25.0	0.32	0.15	0.26
中粗砂	15.00~30.0	0.32	0.15	0.26
粗砂	20.0~50.0	0.35	0.20	0.27
砂砾砂	50.0~150.0	0.35	0.20	0.25
卵砾石	120.0~200.0	—	—	—

(2)给水度分区。根据安阳市平原区水文地质条件,给水度的分区与渗透系数分区相同,将给水度划分为8个分区(见图6-9),其中每个分区的给水度初值根据野外抽水试验资料,并结合给水度经验数值(见表6-8)综合确定。

(3)入渗补给系数分区。根据安阳市平原区地下水埋深、包气带岩性和结构等特征,另外为了方便水资源的管理,同时考虑行政分区,将平原区入渗补给系数划分为13个参数分区(见图6-10)。需要说明一点:入渗补给系数是一个综合系数,考虑了降雨入渗、渠灌和井灌入渗和潜水蒸发等综合因素。

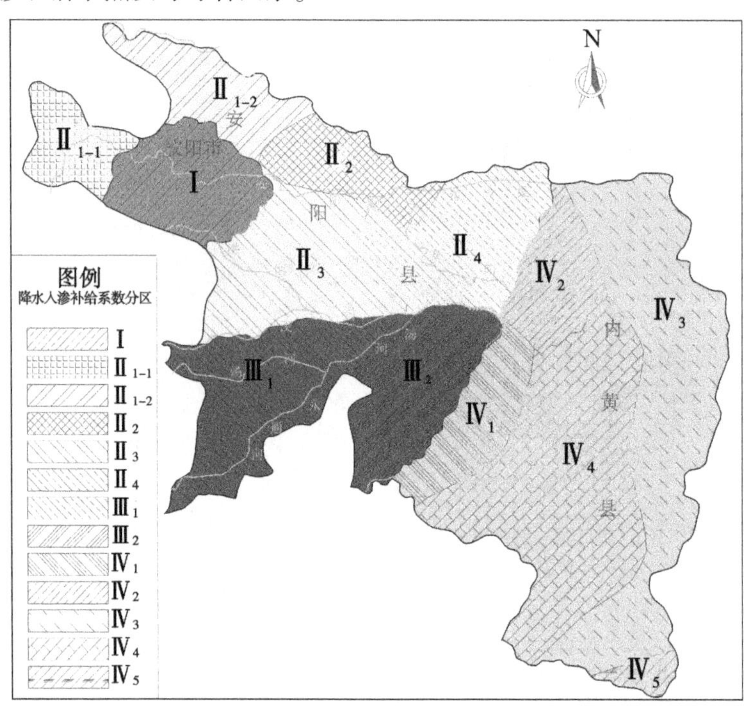

图6-10　安阳市平原区入渗系数分区

3)边界条件概化

(1)侧向边界条件概化。

由于选定区域的潜水含水层侧向和选定区域外有水量交换,因此把这一含水层的侧向边界抽象概化为透水边界。在选定区域的西部和南部有多条河流流入,将其概化为一类水头边界;其余地区地下水等水位线与边界基本垂直,没有流量交换,因此将其他边界概化为零流量边界,见图6-11。

(2)垂向边界条件的概化。

本次计算区域的水量交换边界为潜水含水层的上部,由于这部分区域能够接收大气降水的补给;隔水边界为含水层底部与第四系泥岩及奥陶系灰岩的基岩接触区域。

图 6-11　安阳市平原区边界概化及网格剖分图

4. 模型的构建与求解

1) 数学模型的构建

在综合分析水文地质概念模型的基础上，建立安阳市平原区孔隙潜水含水层的数学模型如下：

$$
\begin{cases}
\dfrac{\partial}{\partial x}\left[K(H-B)\dfrac{\partial H}{\partial x}\right]+\dfrac{\partial}{\partial y}\left[K(H-B)\dfrac{\partial H}{\partial y}\right]-\dfrac{K'}{M'}(H-h)+Q_{\mathrm{r}}-Q_{\mathrm{d}}-\sum Q_{\mathrm{i}}=\mu\dfrac{\partial H}{\partial t} \\
H(x,y,t)\big|_{t=0}=h_0(x,y,t) \quad (x,y)\in D \\
H(x,y,t)\big|_{\Gamma_1}=h_1(x,y,t) \quad (x,y)\in D,t>0 \\
K(H-B)\dfrac{\partial H}{\partial n}\bigg|_{\Gamma_2}=q(x,y,t) \quad (x,y)\in D,t>0
\end{cases}
\tag{6-1}
$$

式中：K、K' 为含水层、弱透水层渗透系数，m/d；μ 为潜水含水层给水度；H 为地下水位，m；h_0 为初始水位，m；M' 为弱透水层厚度，m；B 为潜水含水层底板高程，m；h 为弱透水层水位；Q_{r} 为补给量，$\mathrm{m^3/d}$；Q_{d} 为排泄量，$\mathrm{m^3/d}$；Q_{i} 为大井开采量，$\mathrm{m^3/d}$；h_1 为一类边界点的水位，m；q 为二类边界单宽流量，$\mathrm{m^3/(d\cdot m)}$；x、y 为坐标，m；D 为计算区范围；n 为边界上的内法线；Γ_1、Γ_2 为一类及二类边界。

上述偏微分方程、初始条件和一类、二类边界条件，共同组成定解问题。

2) 数学模型的求解

本次利用三维地下水流数值模拟系统 GMS 来进行模拟计算，该软件具有功能齐全、良好的和直观的使用界面、强大的前处理、后处理功能和优良的三维立体可视效果等优点。

该系统的求解方法：首先在研究区采用矩形剖分和线性插值，应用克里金有限差分法将式(6-1)的数学模型离散为有限单元方程组，然后利用计算程序自动求解。同时利用该软件对研究区进行自动单元剖分及自动采集包括结点含水层的顶、底板高程、地下水位等在内的数据，这样不但确保了计算精度，而且大大节省了工作时间。

3）空间离散

安阳市平原区面积为 2 536.8 km^2，利用 GMS 软件的 MODFLOW 模块进行自动剖分研究区，把研究区共剖分为 9 352 个网格（150 行×150 列），每个网格长、宽分别为 560 m、500 m，面积为 0.28 km^2。

4）时间离散

把模型的识别期定为 2005 年 1 月至 2008 年 12 月，模型的应力期定为 6 个月，因此整个识别期时间长度为 4 年，总共分为 8 个应力期；把模型的验证期定为 2009 年 1 月到 2009 年 12 月，应力期定为 1 个月，因此整个验证期时间长度为 1 年，总共分为 12 个应力期。

5）参数分区和初值

把安阳市平原区划分为 13 个均衡区（见图 6-10），各均衡区的参数初值见表 6-9。

表 6-9　参数分区及参数初值

市（县）	编号	分区面积（km^2）	县市面积（km^2）	渗透系数	给水度
安阳市（郊）	Ⅰ	166.5	166.5	90	0.202
安阳县	Ⅱ$_{1-1}$	86.8	786.3	90	0.202
	Ⅱ$_{1-2}$	131.0		90	0.202
	Ⅱ$_2$	113.8		30	0.106
	Ⅱ$_3$	234.5		80	0.182
	Ⅱ$_4$	220.2		60	0.152
汤阴县	Ⅲ$_1$	247.4	438.0	80	0.182
	Ⅲ$_2$	190.7		50	0.115
内黄县	Ⅳ$_1$	118.2	1 146.0	50	0.115
	Ⅳ$_2$	111.4		60	0.152
	Ⅳ$_3$	436.1		40	0.110
	Ⅳ$_4$	455.9		50	0.120
	Ⅳ$_5$	24.3		50	0.121

5. 模型的识别与验证

本次进行模型识别采用的是 2005 年 1 月 1 日至 2008 年 12 月 31 日的长系列实测资料，进行模型验证时采用的是 2009 年 1 月 1 日至 2009 年 12 月 31 日实测数据，当 75%以上节点的水位拟合误差小于 0.5 m、每年各时期长观井水位拟合良好及计算流场与实测流场的拟合程度较高时，就认定模型的模拟精度达到了要求。

1）源汇项的处理

本次需要处理的源汇项主要包括：大气降水入渗补给量、侧向径流补给量、地表水灌溉入渗补给量、井灌回归补给量、农业井灌用水量、侧向流出和潜水蒸发量。计算结果见表 6-10。

表 6-10　2005~2009 年安阳市平原区地下水源汇项计算结果　（单位：万 m^3）

源汇项	2005 年	2006 年	2007 年	2008 年	2009 年
大气降水入渗补给量	32 240.13	26 199.28	28 661.12	33 518.14	30 665.12
侧向径流补给量	265.83	193.75	207.45	203.72	
地表水灌溉入渗补给量	5 567.28	7 343.81	7 404.30	10 580.90	
井灌回归补给量	3 720.49	5 028.01	5 085.67	4 205.55	
农业井灌用水量	47 952.86	57 915.29	51 395.61	40 221.68	
潜水蒸发量	89.75	41.91	35.93	49.82	
侧向流出	80.64	86.66	101.38	138.25	

有以下两点需要说明：

（1）在 GMS 软件中，River 软件包可以根据河流与地下水位关系进行自动判断两者的补排关系，同时自动进行计算河道渗漏补给量和河道排泄量，每个剖分网格的流量计算方程式如下：

$$q_n = C_n(H_n - h_n) = \frac{K_n A_n}{D_n}(H_n - h_n) \tag{6-2}$$

式中：q_n 为计算流量（正值为河道渗漏补给量，负值为河道排泄量），m^3/d；C_n 为河道渗漏系数，m^2/d；K_n 为河床介质渗透系数，m/d；D_n 为河床介质厚度，m；A_n 为剖分网格内河流水面面积，m^2；h_n 为地下水位，m；H_n 为河流水位，m。

（2）人工开采量包括农田灌溉开采的地下水量、林牧副渔用水开采的地下水量、工业用水开采的地下水量及生活用水开采的地下水量，所以统计人工开采量时要从这四个方面进行分别统计，统计结果见表 6-11。

表 6-11　安阳市平原区人工开采量统计表　（单位：万 m^3）

年份	农业开采量	工业开采量	农村生活用水量	城镇生活用水量	林牧副渔用水量
2005	30 328.9	4 052.8	2 784.1	4 458.9	3 682.3
2006	41 691.5	8 439.1	2 767.9	5 093.0	2 776.0
2007	41 690.8	7 649.5	2 770.6	4 819.0	2 253.0
2008	34 146.4	7 112.6	2 813.1	5 038.0	2 332.0
2009	34 782.4	9 110.1	2 817.4	6 612.0	2 867.9

2）模型识别及验证结果

利用2005年1月1日的计算区地下水流场作为模型模拟期的初始流场，在模型中输入模拟期的各源汇项数据，然后使模型运行到2008年12月31日。将模拟期内的各丰枯水期模拟的水位与实测水位进行拟合。模拟期初始水位及各识别期、验证期拟合结果见图6-12～图6-15。

图6-12　识别期地下水初始流场图（2005年1月1日）

图6-13　识别期末地下水等水位线拟合图（2008年12月31日）

图 6-14　验证期地下水初始流场图(2009 年 1 月 1 日)

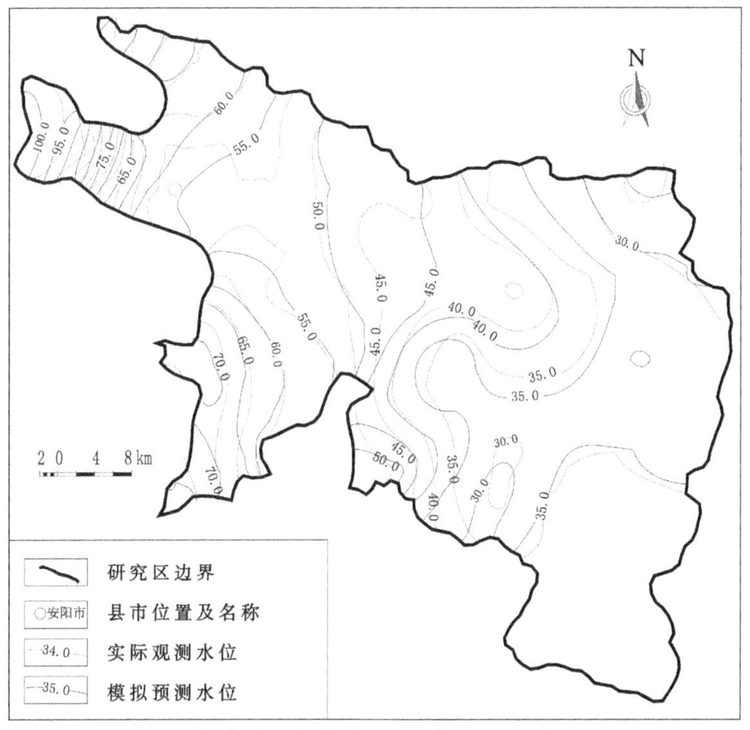

图 6-15　验证期末地下水等水位线拟合图(2009 年 12 月 31 日)

进行统计模拟水位和实测水位的拟合误差，结果表明有 80%以上的水位结点的拟合误差小于 0.5 m，同时可以通过等水位线拟合图也能直观地看出，整体模拟水位和实测水位的等值线拟合良好。部分井孔实测水位与模拟水位拟合曲线，见图 6-16~图 6-23。

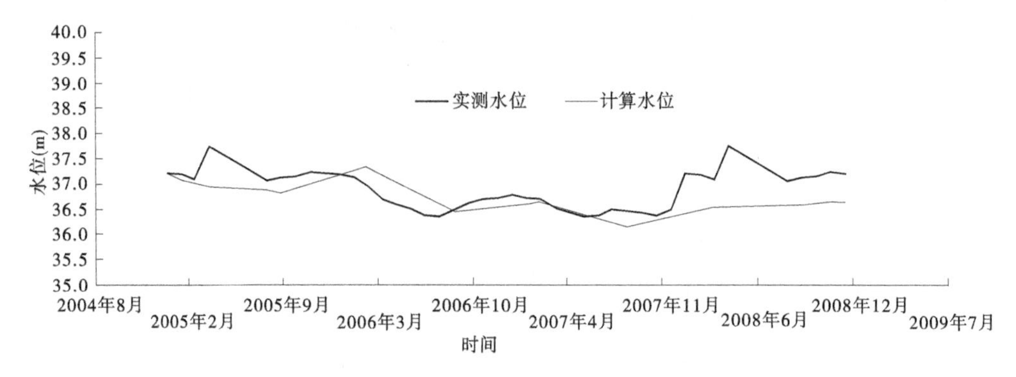

图 6-16　梁庄镇石庄村长观井水位拟合曲线

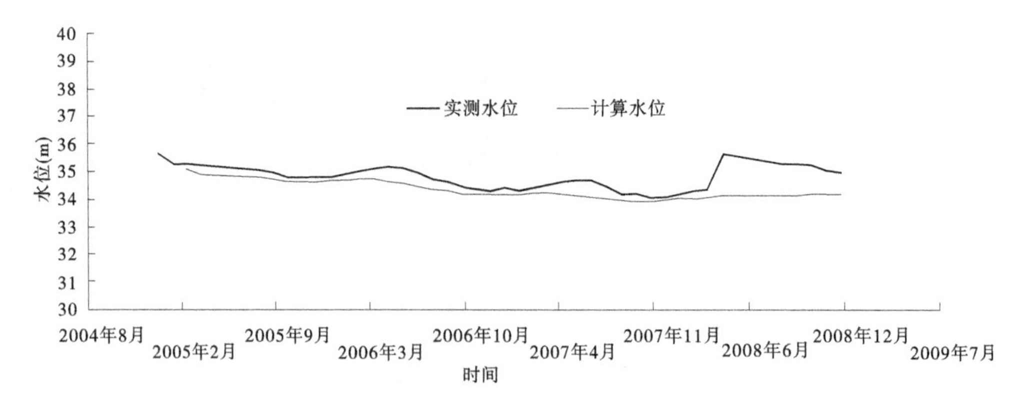

图 6-17　六村乡长观井水位拟合曲线

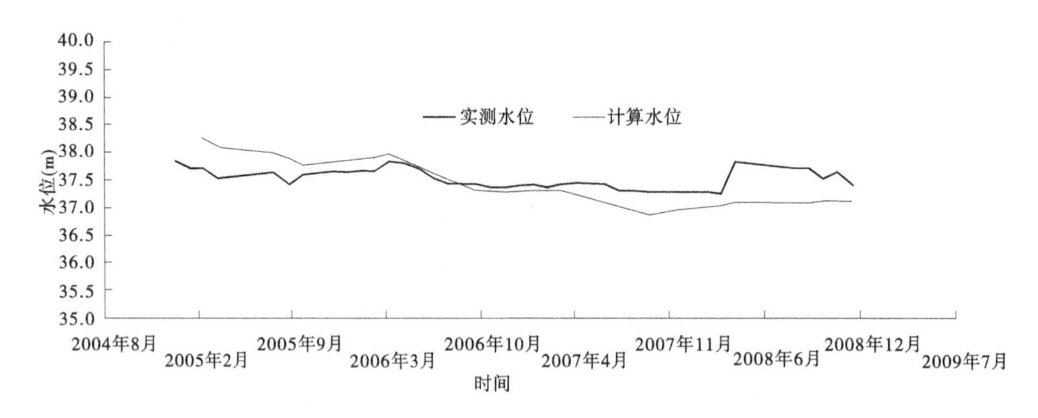

图 6-18　后河镇长观井水位拟合曲线

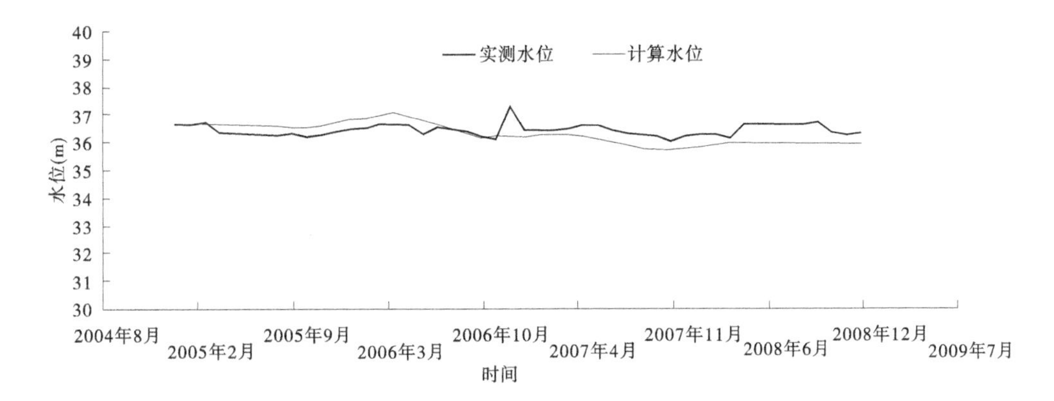

图 6-19 中召乡东街村长观井水位拟合曲线

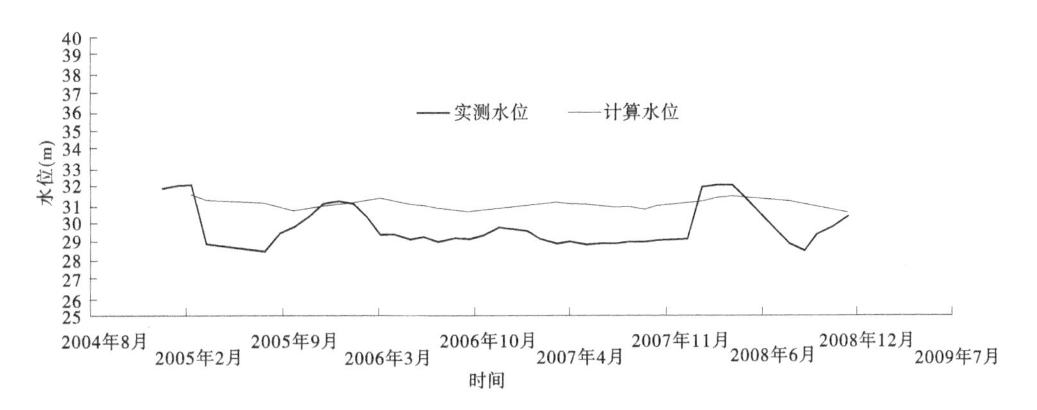

图 6-20 亳城乡高堌村长观井水位拟合曲线

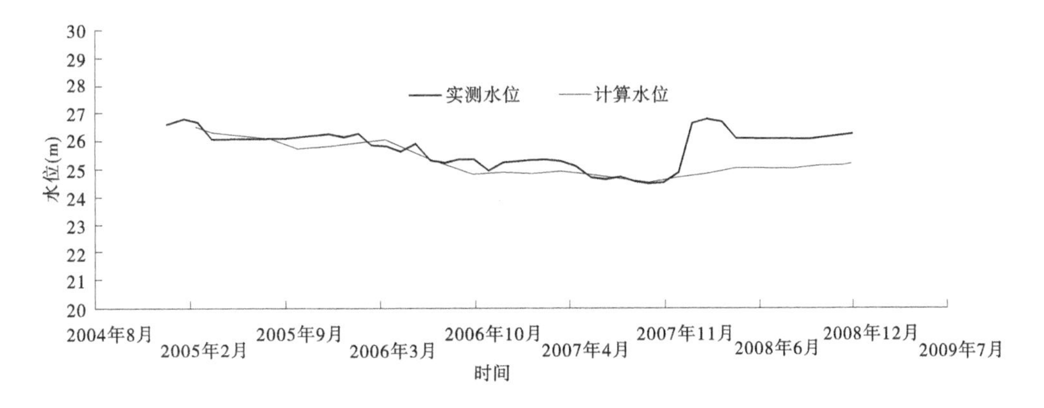

图 6-21 宋村乡东屯村长观井水位拟合曲线

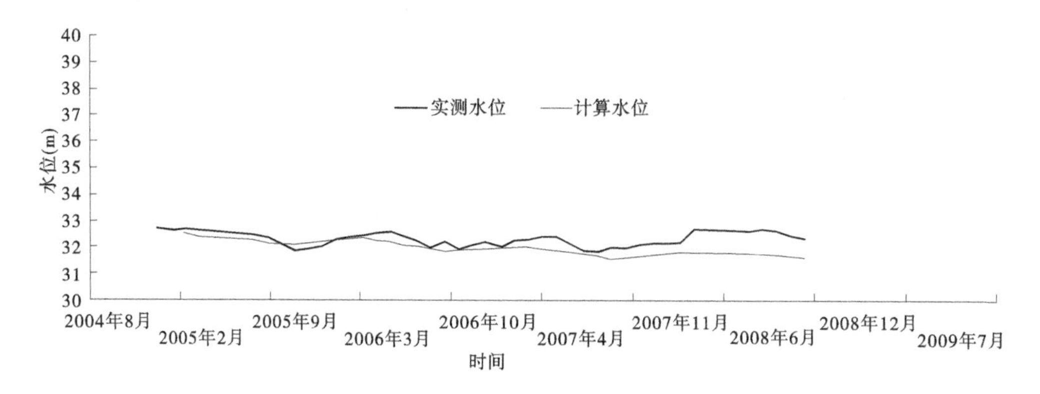

图 6-22　张龙乡中流河村长观井水位拟合曲线

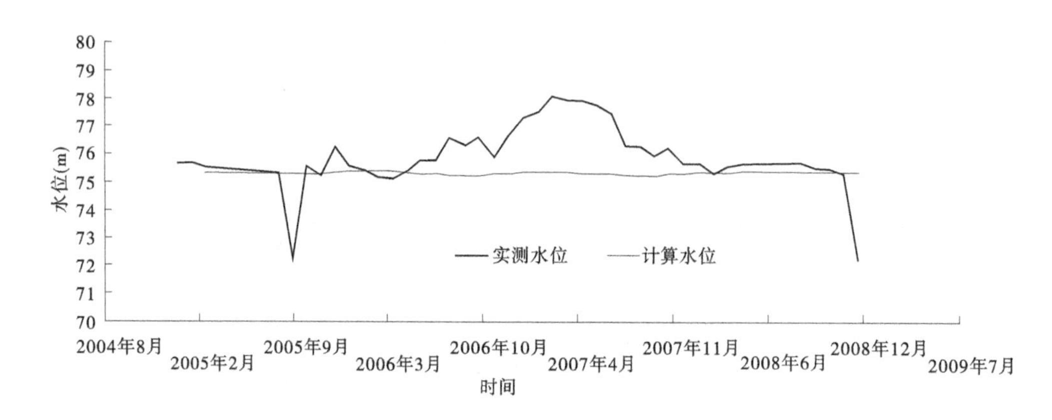

图 6-23　宜沟镇新华街村长观井水位拟合曲线

根据以上分析可以得出,该数值模型具有较高的识别计算精度,通过长时间的资料序列所识别、验证出来的模型能够保证较高的模拟能力与计算精度,能够把第四系含水层的实际特征反映出来,通过反推所确定的水文参数是可靠的。

6.4.2.3　安阳市平原区地下水资源实时预报模型

在上述构建的地下水流数值模型的基础上,通过读取实时监测数据,然后把数据格式进行转换,最后把数据导入模型,从而实现了对地下水资源的实时预报。

1. 建模方法及步骤

1) 读取实时监测数据

实时的监测数据主要包括大气降水量、水面的蒸发量、人工开采量、灌溉用的地表水量及实时的地下水位和河流水位等。

对于安阳市平原区地下水水量实时预报模拟模型来说,由于侧向径流补给及排泄量在年际间变化不明显,所以在实时预报模拟时不考虑其变化的影响。这样,在源汇项中,实时变化的补给项有降雨的入渗补给量、用地表水灌溉的渗漏补给量、河道的渗漏补给量、井灌的回归补给量等;排泄项主要包括潜水的蒸发量、人工的开采量及河道的排泄量等。

2)源汇项实时计算

对实时监测数据读取完后,需要对部分数据先进行计算才能得到模型所需的源汇项,这些数据主要包括降水量、地表水灌溉用水量、井灌开采量及水面蒸发量。通过相应的计算方法分别得到实时降雨入渗补给量、实时地表水灌溉渗漏补给量、实时井灌回归补给量及实时潜水蒸发量。

3)转换文件格式

将直接可用的实时监测数据和通过计算得到的实时源汇项数据格式转换成模型的标准文件格式,输入到模型中。有一些源汇项的数据很难监测到,所以很难做到全面的监测,因此按不同方案采用多年平均值或枯水期的值进行代替暂时没有办法得到的实时监测数据。

4)对模型进行实时验证和预报

对模型进行反复调参运算,直到模型模拟的水位与实测水位拟合较好。

模型实时预报模拟的初始水位为实时监测的地下水位,对预报时段进行设置,开始运行模型,从而进行实时预报。实时预报完毕后,模型要预报期的源汇项计算成果表和预报时刻地下水流场图输出出来。实时预报流程如图6-24所示。

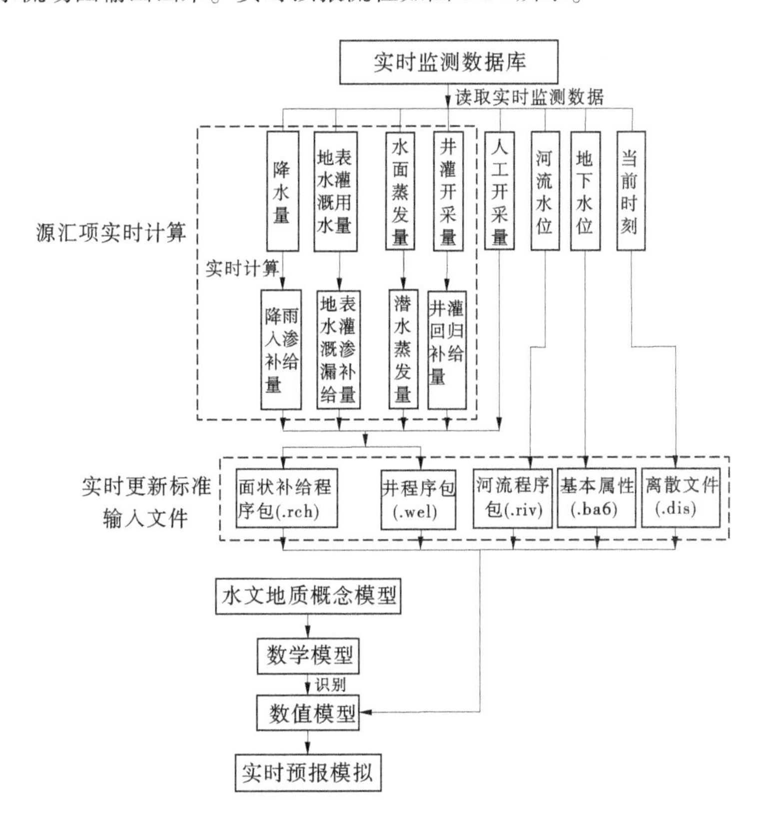

图6-24　实时预报模拟流程

2. 地下水可开采量实时预报模型

1) 模型介绍

众所周知,前面所建立的数学模拟模型是基于质量守恒定律和能量守恒定律,由于利用该模型实时预报地下水可开采量,需要的实时信息非常多,在目前条件下很难满足要求,因此需要建立一种基于数学模拟模型(或称数值模拟模型)的地下水可开采量实时预报模型。从理论上讲,这种基于数值模拟模型的预报模型计算精度要低一些,但其所需的实时预报信息相对较少,易于用于实践,因此在目前的条件下则更具有实用性和推广应用价值。

在水均衡原理的基础上,通过当年汛期末浅层地下水位埋深和当年汛期降雨量以及当年汛期末到来年汛期前地下水补给量等资料,构建安阳市平原区基于数值模拟模型的枯季地下水可开采量(可供水量)实时预报模型为

$$G_{kg} = (H_0 - H_m)\mu F + W_{cb} + W_{py} + W_{hl} \tag{6-3}$$

式中:G_{kg} 为枯季(当年汛末至次年汛前)地下水可开采量(可供水量);H_0 为当年汛末的地下水位埋深;H_m 为来年汛前地下水位允许埋深值或控制埋深值,本次采用红线水位和蓝线水位作为控制水位;μ 为地下水开采层给水度;F 为计算面积;W_{cb} 为枯季地下水侧向补给量;W_{py} 为枯季地下水垂向综合入渗补给量;W_{hl} 为枯季地下水河流入渗补给量。

地下水位允许埋深值的确定比较复杂,一般应综合考虑开采井扬程、含水层厚度、生态环境要求和历史年份实际发生的最大水位埋深值等因素来确定;地下水枯季补给量主要有当年汛期降雨入渗形成的滞后补给量、地表水灌溉后入渗补给量与侧向补给量、地表水体渗漏补给量等。其中枯季地下水侧向补给量和河流的入渗补给量年际之间变化不大,因此采用数值模拟模型反演计算的多年平均结果;而枯季(垂向)综合入渗补给量受降水影响比较大,因此单独予以确定。

枯季综合入渗补给量是指当地汛期降雨、灌溉渗入土壤后(地下水深埋区)在枯季滞后补给地下水的水量和枯季降水、灌溉入渗补给地下水的水量之和并扣除枯季的潜水蒸发量,主要包括降雨入渗补给量、渠灌和井灌入渗补给量、潜水蒸发量。由于该区域农业灌溉水量较少,地下水浅埋区面积较小,故枯季综合入渗补给量采用降雨入渗补给系数法计算:

$$W_{py} = \sum_{j=1}^{m}\sum_{i=1}^{m_j}(K_{jix}\cdot P_{jix} + K_{ji0}\cdot P_{ji0})\sum_{i\in M_j}\alpha_{ji}\cdot F_{ji} \tag{6-4}$$

式中:W_{py} 为枯季地下水垂向综合入渗补给量;P_{jix}、P_{ji0} 分别为第 j 单元第 i 参数分区汛期降雨和枯季降雨;K_{jix}、K_{ji0} 分别为第 j 单元第 i 参数分区汛期降雨和枯季降雨在枯季入渗补给地下水的折算系数;m_j 为第 j 单元的参数分区总数目;α_{ji} 为第 j 单元第 i 参数分区的综合入渗补给系数;F_{ji} 为第 j 单元第 i 参数分区的面积;m 为单元的总数目;M_j 为第 j 单元参数分区集。

由于枯季降水量受各种非确定性因素影响比较强烈,很难建立相应的计算模型进行实时预报,因此选取降水频率 75%时的降水量作为枯季降水量值,参与分析和计算。

枯季开采层蓄变量是指枯季初的地下水位与枯季末的允许地下水位之间的差异所造成开采层的储水或释水的水量。其计算公式为

$$W_x = (H_0 - H_m)\mu F = \sum_{j=1}^{m}\sum_{i=1}^{nc}(H_{ji0} - H_{jim})\mu_{ji}F_{ji} \tag{6-5}$$

式中：W_x 为枯季开采层蓄变量；H_0 为枯季初地下水位；H_m 为枯季末地下水位；μ 为给水度；F 为计算面积；H_{ji0} 为第 j 单元第 i 参数分区的枯季初地下水位；H_{jim} 为第 j 单元第 i 参数分区的枯季末地下水位；μ_{ji} 为第 j 单元第 i 参数分区的给水度；F_{ji} 为第 j 单元第 i 参数分区的计算面积；m 为单元的总数目，nc 为参数分区总数目。

总之，根据地下水可开采量实时预报模型[式(6-3)～式(6-5)]，就可确定安阳市河谷平原区地下水可开采量实时预报结果。

2) 安阳市地下水可开采量实时预报模型

根据观测井的位置、系列资料的长短以及实时监测的可能性，以选取重要水源地为主要原则，对于安阳市平原区内的集中开采水源选择专门的观测井，而在安阳市平原分散开采区选取了 19 个观测井作为代表井。具体情况见表 6-12。

表 6-12　安阳市平原区分散开采区代表观测井基本情况

编号	监测点位置	经度	纬度	地面标高	测水点标高	测水点至地面	地下水类型	观测类型
安阳市 27	文峰区宝莲寺镇刘王坡村北	114°24′	36°01′	64.83	65.41	0.58	潜水	基本井
安阳市 30	殷都区北郊乡后皇甫村北	114°17′	36°09′	79.8	80.1	0.3	潜水	基本井
安阳县 17	辛村乡南辛村西	114°39′	36°02′	56.82	57.22	0.4	潜水	基本井
安阳县 21	白璧镇棉研所院南	114°29′	36°05′	63	63	0	潜水	基本井
安阳县 22	瓦店乡大朝村西	114°33′	36°04′	58.22	58.47	0.25	潜水	基本井
安阳县 25	永和乡北街村北	114°34′	36°06′	59	59	0	潜水	基本井
安阳县 28	蒋村乡西蒋村内	114°09′	36°09′	111	111	0	潜水	基本井
安阳县 30	北郭乡水利站院内	114°41′	36°06′	61	61	0	潜水	基本井
安阳县 32	崔家桥乡北街村北	114°29′	36°09′	67	67	0	潜水	基本井
安阳县 33	曲沟镇陈家井村内	114°12′	36°08′	101	101	0	潜水	基本井
内黄县 22	梁庄镇石庄村东	114°51′	36°43′	55.9	56.4	0.5	潜水	基本井
内黄县 26	亳城乡南高堌村东	114°43′	36°52′	55.27	55.27	0	潜水	基本井
内黄县 27	东庄镇刘庄村西南	114°52′	36°55′	53.57	53.57	0	潜水	基本井
内黄县 29	石盘屯乡南街西南	114°48′	36°02′	53.07	53.07	0	潜水	基本井
内黄县 30	宋村乡东屯村西北	114°50′	36°07′	52.3	52.6	0.3	潜水	基本井
汤阴县 7	宜沟镇新华街村东	114°20′	36°49′	85.06	85.3	0.24	潜水	基本井

续表 6-12

编号	监测点位置	经度	纬度	地面标高	测水点标高	测水点至地面	地下水类型	观测类型
汤阴县 16	白营乡白营村西南	114°25′	36°56′	68.64	69.24	0.6	潜水	基本井
汤阴县 18	五陵镇镇抚寨村北	114°35′	36°55′	55.99	55.99	0	潜水	基本井
汤阴县 28	伏道乡岗阳村西	114°25′	36°51′	63.97	64.39	0.42	潜水	基本井

根据所选定的观测井，利用泰森多边形法得到每个观测井的控制范围，见图6-25。然后再利用建立的地下水数值模型所率定的参数，并根据实时监测得到的水位情况，以及预先设定的控制目标水位(红线水位或蓝线水位，见第4章)，就可以利用上述方法预报安阳市平原区地下水可开采量。以2005～2006年枯季为例，对安阳市平原区地下水可开采量进行预报。具体预报结果见表6-13。总补给量为2 915.13万m^3，红线水位下的地下水可开采量为5 020.68万m^3。

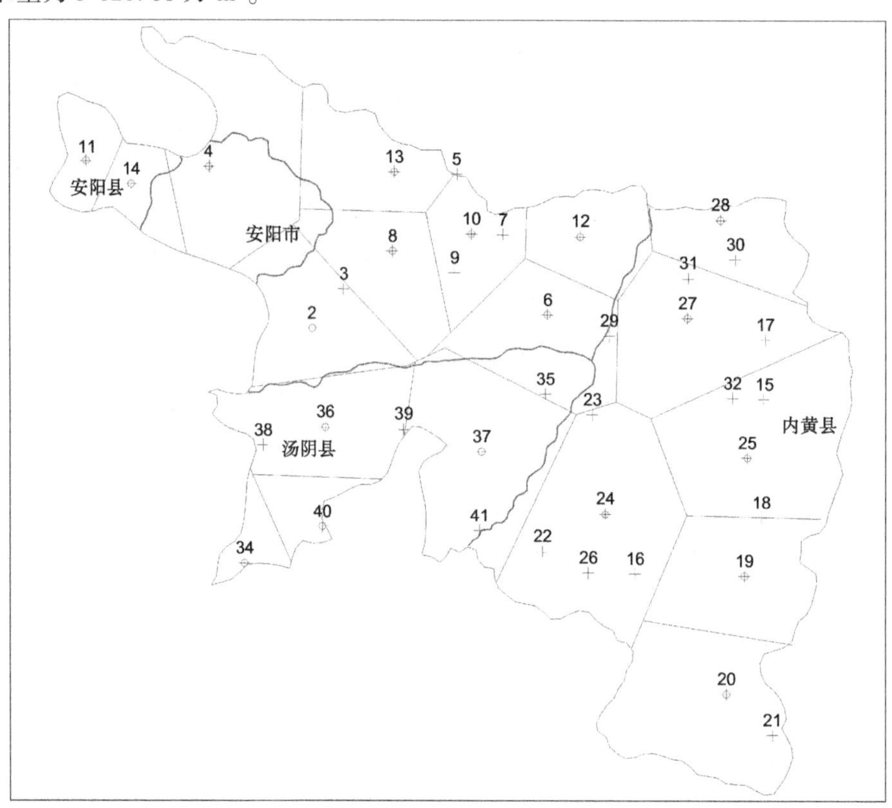

图 6-25　安阳市平原区所选定监测井位置及控制范围示意图

表6-13　2005~2006年安阳市平原区地下水可开采量预报结果　（单位:万 m^3）

时段	月份	降水入渗补给量	侧向补给量	河道入渗补给量	总补给	蓄变量	可开采量
1	10	25.875 92	157.5	202.176	385.551 9	2 105.55	5 020.68
2	11	11.165 12	157.5	202.176	370.841 1		
3	12	0.678 96	157.5	202.176	360.354 9		
4	1	0	157.5	202.176	359.676		
5	2	0	157.5	202.176	359.676		
6	3	0	157.5	202.176	359.676		
7	4	0	157.5	202.176	359.676		
8	5	0	157.5	202.176	359.676		
合计		37.72	1 260	1 617.408	2 915.13	2 105.55	5 020.68

6.4.2.4　各县市地下水可开采量预报

同样,以2005~2006年枯季为例,预报各县(市)城区供水水源地下水可开采量,具体结果见表6-14。

表6-14　2005~2006年各县(市)城区地下水可开采量预报结果

县(市)名称	地下水可开采量(万 m^3)	
	红线水位	蓝线水位
安阳市	5 033.3	2 206.58
安阳县	2 135.35	1 662.81
汤阴县	1 722.55	1 240.26
内黄县	1 626.39	1 034.06

6.4.3　需水预报

利用综合分析方法,预报安阳市主要用水户2010~2011年枯季需水量。预报结果见表6-15。

表 6-15　2010~2011 年枯季主要用水单位需水量预报结果　(单位:万 m^3/d)

用水户	时段 1				时段 2			
	10 月	11 月	12 月	1 月	2 月	3 月	4 月	5 月
一水厂	99.39	96.19	99.39	113.29	102.33	113.29	109.64	113.29
二水厂	99.39	96.19	99.39	113.29	102.33	113.29	109.64	113.29
三水厂	58.47	56.58	58.47	66.64	60.19	66.64	64.49	66.64
四水厂	81.85	79.21	81.85	93.30	84.27	93.30	90.29	93.30
五水厂	23.39	22.63	23.39	26.66	24.08	26.66	25.80	26.66
五水厂(岳城水库)	76.44	73.97	76.44	76.44	69.04	76.44	73.97	76.44

6.5　预警技术

6.5.1　预警标准

6.5.1.1　水库预警

根据上述方法,按照不考虑入流的情况下,能维持水库供水 4 个月、3 个月、2 个月和 1 个月的蓄水量(死水位以上)对应的水位为蓝线、黄线、橙线和红线水位,计算得到安阳市主要水库预警标准。具体结果见表 6-16。

表 6-16　安阳市主要水库预警标准　(单位:m)

市(区)	水库名称	蓝线水位	黄线水位	橙线水位	红线水位
安阳市	彰武水库	126.2	124.9	123.3	121.2
	小南海水库	163.1	160.2	156.9	153.2

6.5.1.2　地下水预警

1. 基准水位的确定

根据本书确定的地下水位警戒线划定办法,通过分析 2005~2009 年市区地下水位监测情况,从适度保守的角度考虑,认为安阳市市区各水源地基准水位埋深的确定以表 6-17 中数据较为适宜。

表 6-17　各水源地基准水位埋深值

监测区		代表性监测井编号	地面高程(m)	基准水位埋深(m)	基准水位(m)
安阳市水务总公司	一水厂	SC1	72.7	19.7	53
	二水厂	SC2	83.5	31.6	51.9
	三水厂	SC3	70.5	17.4	53.1
	四水厂	SC4	72.3	19.3	53
自备水源	安钢集团有限责任公司	J1	82.9	27.6	55.3
	大唐安阳发电厂	J2	88.5	26.3	62.2

2. 地下水位警戒线的划定

(1)以各水源地基准水位埋深为起点,分别考虑 4 个月、3 个月、2 个月、1 个月内正常供水,参照本研究方法计算警戒水位:

$$H_{蓝} = \frac{[W_4 - (Q_{总补} - Q_{总排} - 10^2 h_{基} \mu F)]}{10^2 \mu F}$$

$$H_{黄} = \frac{[W_3 - (Q_{总补} - Q_{总排} - 10^2 h_{基} \mu F)]}{10^2 \mu F}$$

$$H_{橙} = \frac{[W_2 - (Q_{总补} - Q_{总排} - 10^2 h_{基} \mu F)]}{10^2 \mu F}$$

$$H_{红} = \frac{[W_1 - (Q_{总补} - Q_{总排} - 10^2 h_{基} \mu F)]}{10^2 \mu F}$$

$H_{蓝}$、$H_{黄}$、$H_{橙}$、$H_{红}$ 分别为蓝线水位、黄色警戒水位、橙色警戒水位、红色警戒水位;W_4、W_3、W_2、W_1 分别为 4 个月、3 个月、2 个月、1 个月内供水量;$Q_{总补}$、$Q_{总排}$分别为期间地下水总补给量、总排泄量(不包括人工开采量);μ 为给水度;F 为水源地面积。

(2)供水量包括当地城镇居民生活用水开采量和工农业用水开采量。其中四个地下水水厂目前的实际总开采量约 11.7 万 m^3/d(其中非生活用水 4.7 万 m^3/d,占 40%;生活用水 7 万 m^3/d,占 60%)。另外,市内的企事业单位自备地下水水源井数约有 335 眼,地下水的取水总量约 4.7 万 m^3/d。根据安阳市地下水水源地供水的用水单位年内用水特征,市区年内地下水用水分配比较均匀,故将供水量按照平均水量分配到各月。

(3) μ 为给水度,根据《水资源评价与可持续利用规划——理论与实践》中安阳市的地下水资源量评价中的数据,取值 0.202。

(4)分别选取各水源地平水年枯水期连续 1 个月、2 个月、3 个月和 4 个月作为典型计算月份,计算总补给量和总排泄量。补给项主要有:降水入渗补给量、地下径流侧向补给量、河道渗漏补给量、渠灌田间入渗补给量、井灌回归补给量等。排泄项主要有开采量、蒸发量和河道排泄量。

(5)水源地总计算面积为 166.5 km^2。

分析计算结果,综合研究认定:安阳市区各地下水水源地蓝线警戒水位、黄色警戒水位、橙色警戒水位、红色警戒水位如表 6-18 所示。

表 6-18　各水源地地下水位警戒线划定值

监测区		代表性监测井编号	红线水位(m)	橙线水位(m)	黄线水位(m)	蓝线水位(m)
安阳市水务总公司	一水厂	SC1	53.8	54.2	54.6	55.1
	二水厂	SC2	52.7	53.2	53.6	54.9
	三水厂	SC3	53.5	53.6	53.7	53.8
	四水厂	SC4	53.5	53.7	53.8	53.9
自备水源	安钢集团有限责任公司	J1	56.1	56.4	56.7	57
	大唐安阳发电厂	J2	63.1	63.3	63.5	63.6

6.5.2　预警结果

以 2007~2008 年枯季的实测水库数据为基础,对安阳市地表水源地进行预警。具体结果见表 6-19。

表 6-19　安阳市主要水库 2007~2008 年枯季预警结果

水库	月份	预警结果	水库	月份	预警结果
彰武水库	10	未超蓝线水位	小南海水库	10	未超蓝线水位
	11	未超蓝线水位		11	未超蓝线水位
	12	未超蓝线水位		12	未超蓝线水位
	1	未超蓝线水位		1	未超蓝线水位
	2	未超蓝线水位		2	未超蓝线水位
	3	未超蓝线水位		3	超蓝线水位
	4	未超蓝线水位		4	超蓝线水位
	5	超蓝线水位		5	未超蓝线水位

利用 2005~2009 年的市区地下水位统一调查资料,确定关键水位(红线水位、橙线水位、黄线水位和蓝线水位),并以这四个关键水位线将市区代表性监测井的水位划分为红、橙、黄、蓝和可扩大开采五个分区,利用已定关键水位对 2011 年市区地下水位监测资料进行分析,确定市区地下水位处于何种状态。具体分析结果见表 6-20。

表 6-20　2011 年安阳市市区监测井地下水位埋深状态检验表　(单位:m)

监测区		代表性监测井编号	3 月 1 日		6 月 1 日		9 月 1 日		12 月 26 日	
			水位埋深	状态	水位埋深	状态	水位埋深	状态	水位埋深	状态
安阳市水务总公司	一水厂	SC1	17.44	蓝区	17.8	黄区	18.2	橙区	16.95	蓝区
	二水厂	SC2	28.3	蓝区	28.56	蓝区	29.42	黄区	29.72	黄区
	三水厂	SC3	16.26	蓝区	15.95	蓝区	13.93	蓝区	14.5	蓝区
	四水厂	SC4	17.15	蓝区	17.88	蓝区	18.4	黄区	—	—
自备水源	安钢集团有限责任公司	J1	25.64	蓝区	—	—	26.27	橙区	—	—
	大唐安阳发电厂	J2	24.48	蓝区	24.39	蓝区	24.45	蓝区	25.57	红区

从表 6-20 可以看出,在安阳市市区 2011 年地下水位大部分处于蓝线水位,分析原因是安阳市市区由于 2011 年采取了有效的压采措施,使得市区内的地下水位总体上呈现缓慢回升的趋势,只是在短期内有部分监测井水位处于黄区(黄线和蓝线之间)和橙区(黄线和橙线之间),而在大唐安阳发电厂附近的代表性监测井(安阳市西郊安钢油料仓库)在 12 月 26 日的水位处于红区内,应注意控制开采量。

6.6　应急调度模型

6.6.1　网络图

通过分析安阳市城市供水的主要供水工程,绘制了应急调度网络图,包括供水单元、水源、渠道和水厂等。具体示意图见图 6-26。

6.6.2　应急调度算例

6.6.2.1　情景设置

1. 自然灾害

情景一:连续出现特殊干旱年,地表水源岳城水库、彰武水库、小南海水库等蓄水水位持续下降,取水设施无法正常取水,导致供水设施不能满足城市正常供水需求。

具体描述:2009 年 5 月 20 日,岳城水库、彰武水库、小南海水库水位降至红线水位,地下水源地水位降至红线水位。

情景二:地震(非汛期)或洪灾(汛期)等自然灾害导致岳城水库遭到破坏,不能供水。

具体描述:2009 年 8 月 10 日,由于地震导致岳城水库供水设施遭到破坏,停止向安阳市供水 20 d。

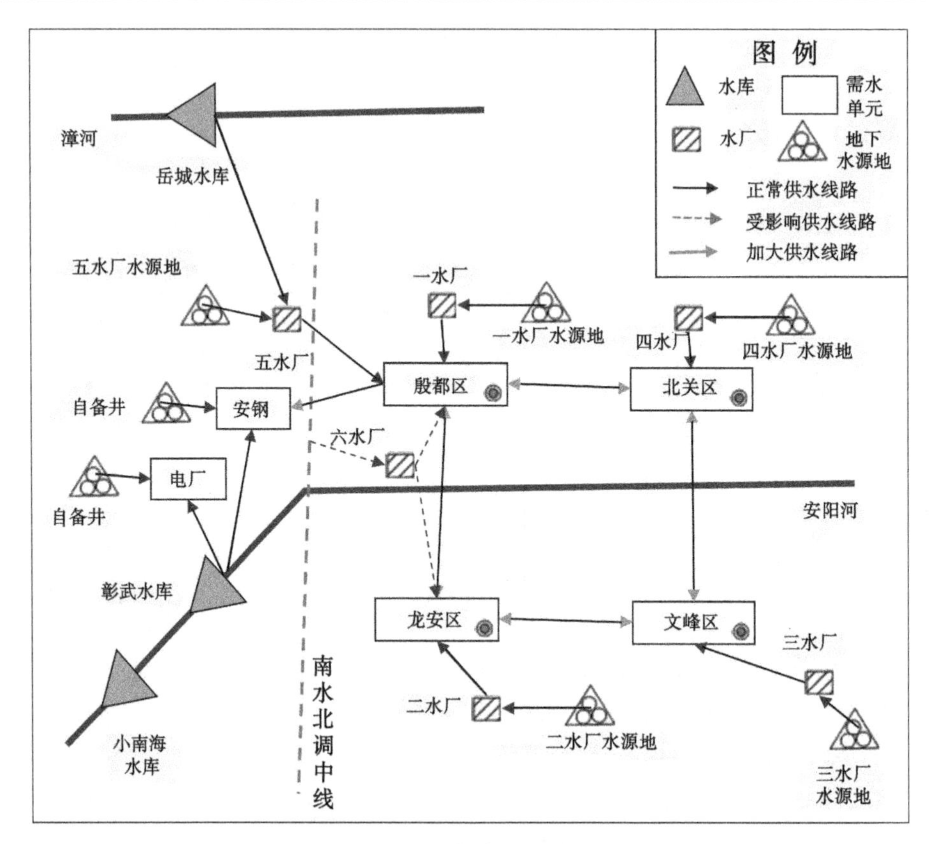

图 6-26　安阳市城市供水应急调度网络图

2. 工程事故

情景三：由于战争或恐怖活动等导致一水厂遭到完全破坏，取水受阻，泵房（站）淹没，机电设备毁损等。

具体描述：2009 年 10 月 1 日，一水厂遭受恐怖袭击，水厂瘫痪，停止向安阳市区供水 20 d。

情景四：岳城水库的大坝或取水管涵等发生垮塌、断裂致使该水库停止供水。

具体描述：2009 年 6 月 20 日，由于取水管涵年久失修，加上暴雨洪水破坏，导致岳城水库供水系统损坏，不能向安阳市区供水 10 d。

情景五：二水厂出现工程事故或管理事故，不能正常供水。

具体描述：2009 年 5 月 10 日，由于水厂年久失修，加上暴雨洪水破坏，导致供水系统损坏，不能向安阳市区供水 10 d。

3. 公共卫生事件

情景六：岳城水库遭受有毒有机物、重金属、有毒化工产品或致病源微生物污染，或藻类大规模繁殖等影响城市正常供水。

具体描述：2009 年 4 月 22 日，岳城水库受到有毒有机物污染，停止供水 20 d。

情景七：四水厂水源地受到水污染事件影响，导致水源遭受毒剂、病毒、油污或放射性物质等污染，影响城市正常供水。

具体描述：2009 年 11 月 10 日，由于企业私排乱放工业废水，导致地下水水源地受到污染，位于下游的四水厂水源地影响严重，停止供水 10 d。

6.6.2.2　调度结果

选取 2009 年作为背景年，即以 2009 年的水文条件以及需水情况为调算基础，根据上述各种情景进行应急调度。

1. 自然灾害

情景一：计算期限为 3 个月（2009 年 4 月 20 日至 7 月 19 日），典型水文年选取 2002 年（$P=95\%$）。

（1）应急预警。

2009 年 4 月 20 日，岳城、彰武和小南海三个水库水位降至红线水位，启动红色预警，地下水降到红线水位启动红色预警；2009 年 7 月 19 日由于普降大雨，水库蓄水位恢复到蓝线水位以上，停止预警，地下水逐步恢复，于 2009 年 7 月底恢复到红色水位，8 月 20 日恢复到蓝线水位，地下水预警解除。

（2）应急级别与应急预案。

受干旱影响，安阳市几乎全部水源受到影响，并于 2009 年 5 月 20 日水库水位降至死水位，地下水位降到红线以下，且 48 h 以上不能恢复，启动Ⅰ级应急预案。

（3）应急调度网络图。

由于安阳市受到全市范围的干旱影响，现状年没有外调水源作为应急，只能采取地下水的超采和非常规水源（矿泉水、运水车等）。应急调度网络图见图 6-27。

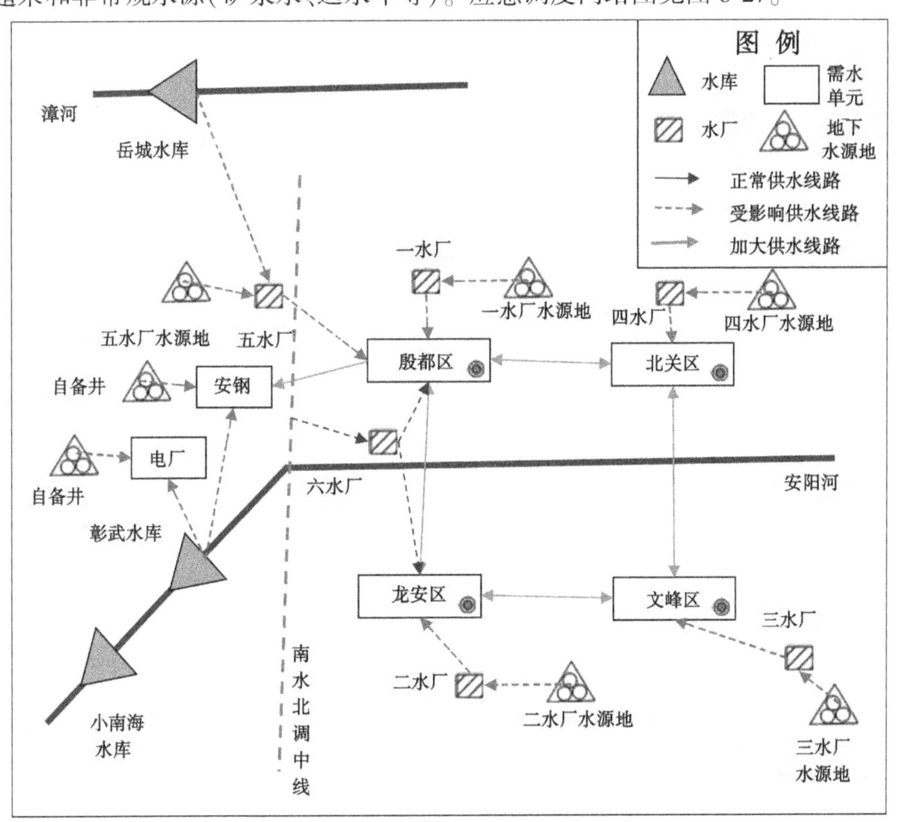

图 6-27　情景一应急调度网络图

(4)应急方案。

应急方案 1:按现状调度运行(虽然于 2009 年 4 月 20 日开始红色预警,但根据红色预警的判别标准,尚能满足一个月供水,为此应急调度从 5 月 20 日开始)。调度结果见表 6-21。

应急方案 2:第一至第五水厂超红线开采(总计约 5.8 万~7.1 万 m^3/d),通过相应水厂供给市区,安钢和电厂停止开采地下水。具体计算结果见表 6-21。

表 6-21　情景一应急调度结果(P=95%)

方案	用水户	5月20日至6月19日			6月20日至7月19日			7月20日至8月19日		
		需水(万 m^3)	供水(万 m^3)	缺水深度(%)	需水(万 m^3)	供水(万 m^3)	缺水深度(%)	需水(万 m^3)	供水(万 m^3)	缺水深度(%)
方案 1	一水厂	113.3	0	100	109.6	0	100	109.6	70.7	35.5
	二水厂	113.3	0	100	109.6	0	100	109.6	70.7	35.5
	三水厂	66.6	0	100	64.5	0	100	64.5	41.6	35.5
	四水厂	93.3	0	100	90.3	0	100	90.3	58.2	35.5
	五水厂	26.7	0	100	25.8	0	100	25.8	16.6	35.5
	五水厂(岳城水库)	76.4	0	100	74	0	100	74	74	0
	六水厂	0	0	0	0	0	0	0	0	0
	安钢	31.9	0	0	30.9	0	0	30.9	19.9	35.5
	电厂	12.4	0	0	12	0	0	12	7.7	35.5
	小计	533.9	0	100	516.7	0	100	516.7	359.4	30.4
方案 2	一水厂	113.3	60	47	109.6	50	54.4	109.6	109.6	0
	二水厂	113.3	60	47	109.6	50	54.4	109.6	109.6	0
	三水厂	66.6	36	46	64.5	30	53.5	64.5	64.5	0
	四水厂	93.3	45	51.8	90.3	36	60.1	90.3	90.3	0
	五水厂	26.7	12	55	25.8	9	65.1	25.8	25.8	0
	五水厂(岳城水库)	76.4	76.4	0	74	0	100	74	74	0
	六水厂	0	0	0	0	0	0	0	0	0
	安钢	31.9	0	0	30.9	0	0	30.9	19.9	35.5
	电厂	12.4	0	0	12	0	0	12	7.7	35.5
	小计	533.9	289.4	45.8	516.7	175	66.1	516.7	501.4	3

续表 6-21

方案	用水户	5月20日至6月19日			6月20日至7月19日			7月20日至8月19日		
		需水(万 m³)	供水(万 m³)	缺水深度(%)	需水(万 m³)	供水(万 m³)	缺水深度(%)	需水(万 m³)	供水(万 m³)	缺水深度(%)
方案3	一水厂	113.3	60	47	109.6	50	54.4	109.6	109.6	0
	二水厂	113.3	60	47	109.6	50	54.4	109.6	109.6	0
	三水厂	66.6	36	46	64.5	30	53.5	64.5	64.5	0
	四水厂	93.3	45	51.8	90.3	36	60.1	90.3	90.3	0
	五水厂	26.7	12	55	25.8	9	65.1	25.8	25.8	0
	五水厂(岳城水库)	76.4	76.4	0	74	0	100	74	74	0
	六水厂	0	231.9	—	0	329.7	—	0	11	—
	安钢	31.9	0	0	30.9	0	0	30.9	19.9	35.5
	电厂	12.4	0	100	12	0	100	12	7.7	35.5
	小计	533.9	521.3	2.4	516.7	504.7	2.3	516.7	512.4	0.8

注:缺水中的“—”表示增大供水,下同。

应急方案3:假设南水北调中线通水,六水厂投入运行,在适当启用地下水应急水源的同时,加大六水厂的供水(平均约为8.6万 m³/d),7月20日以后停止调水。

情景二:计算时段为2009年8月10~30日,典型水文年为1998年(P=5%)。

(1)应急预警。

由于岳城水库遭遇洪水,不能正常通过五水厂向市区供水,启动红色预警。

(2)应急级别与应急预案。

岳城水库通过五水厂向市区的供水量占安阳市区全部水厂供水量的16%,折合成影响人口在10万人以上,且48 h以上不能恢复供水,启动Ⅳ级应急预案。

(3)应急调度网络图。

按照就近的原则,加大五水厂和一水厂的供水量。应急调度网络图见图6-28。

(4)应急方案。

应急方案1:按现状调度运行。调度结果见表6-22。

应急方案2:增加五水厂和一水厂水源地的开采量(其中五水厂增加1.3万 m³/d,一水厂增加1.3万 m³/d),补充岳城水库的供水量。具体计算结果,见表6-22。

2. 工程事故

情景三:计算时段为2009年10月1~19日,典型年选取2001年(P=75%)。

(1)应急预警。

由于一水厂遭遇突发事件,不能进行预警,直接进行应急判别。

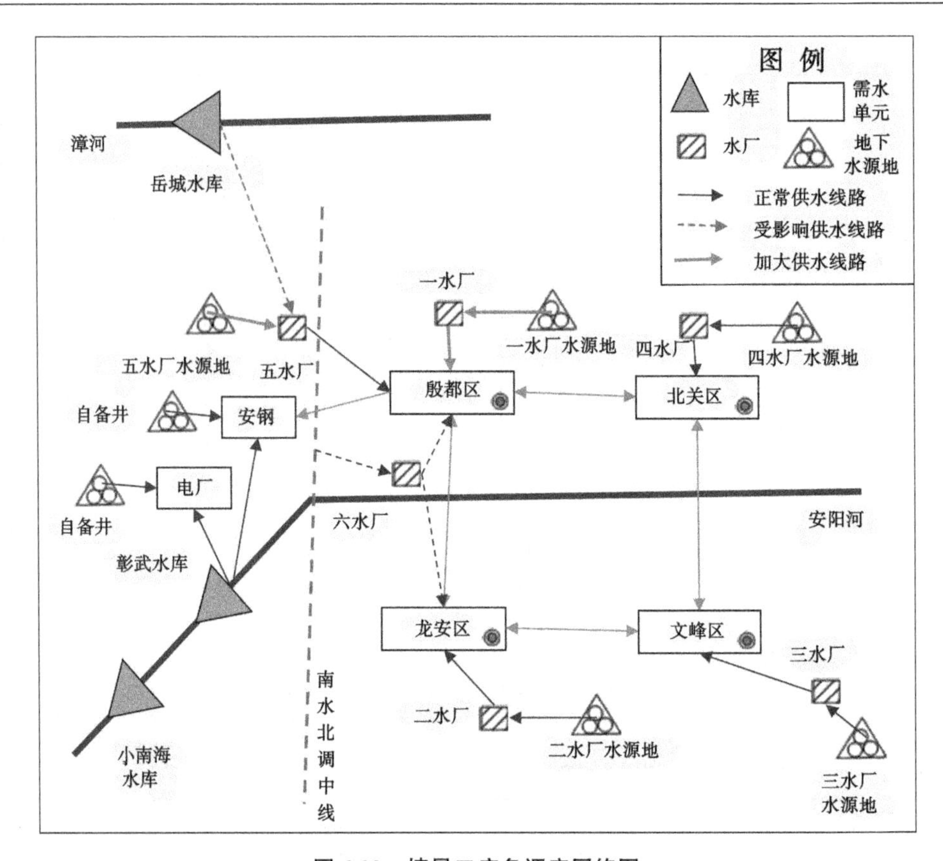

图 6-28　情景二应急调度网络图

表 6-22　情景二应急调度结果($P=5\%$)

用水户	方案 1			方案 2		
	需水(万 m^3)	供水(万 m^3)	缺水深度(%)	需水(万 m^3)	供水(万 m^3)	缺水深度(%)
一水厂	76.75	76.75	0	76.75	102.40	—
二水厂	76.75	76.75	0	76.75	76.75	0
三水厂	45.15	45.15	0	45.15	45.15	0
四水厂	63.20	63.20	0	63.20	63.20	0
五水厂	18.06	18.06	0	18.06	44.17	—
五水厂(岳城水库)	51.78	0	100.0	51.78	0	100.0
六水厂	0	0	0	0	0	0
安钢	20.6	20.6	0	20.6	20.6	0
电厂	8.0	8.0	0	8.0	8.0	0
合计	360.3	308.5	14.4	360.3	360.3	0

(2)应急级别与应急预案。

一水厂是安阳市区主要供水水源,供水量约占安阳市区全部水厂供水量的23%,折合成影响人口在20万人以上,且48 h以上不能恢复供水,启动Ⅲ级应急预案。

(3)应急调度网络图。

按照就近的原则,加大二水厂和五水厂的供水量。应急调度网络图见图6-29。

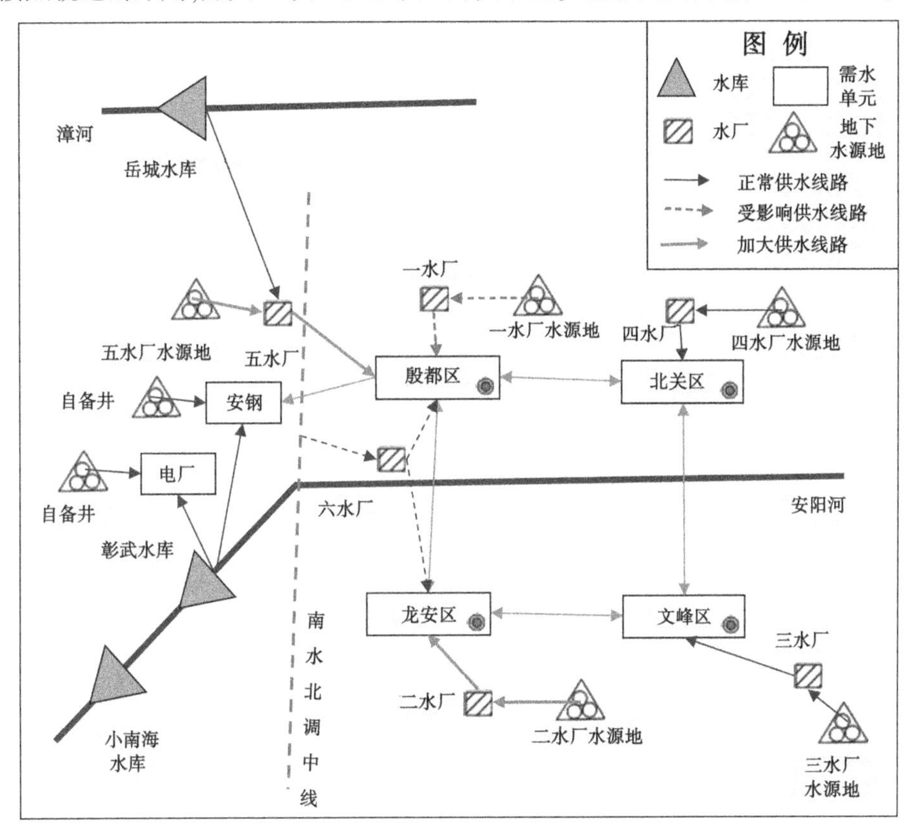

图6-29　情景三应急调度网络图

(4)应急方案。

应急方案1:按现状调度运行。调度结果见表6-23。

应急方案2:加大岳城水库供水量(加大约3.65万m^3/d),补充因一水厂停水造成的缺水。具体调度结果见表6-23。

应急方案3:岳城水库维持现状供水规模,加大二水厂和五水厂的供水规模(分别加大约2.5万m^3/d和1.15万m^3/d)。计算结果见表6-23。

表 6-23　情景三应急调度结果（P=75%）

城市	用水户	方案 1			方案 2			方案 3		
		需水（万 m^3）	供水（万 m^3）	缺水深度（%）	需水（万 m^3）	供水（万 m^3）	缺水深度（%）	需水（万 m^3）	供水（万 m^3）	缺水深度（%）
安阳市	一水厂	69.44	0	100.0	69.44	0	100.0	69.44	0	100.0
	二水厂	69.44	69.44	0	69.44	69.44	0	69.44	117.03	-68.5
	三水厂	40.85	40.85	0	40.85	40.85	0	40.85	40.85	0
	四水厂	57.18	57.18	0	57.18	57.18	0	57.18	57.18	0
	五水厂（地下）	16.34	16.34	0	16.34	16.34	0	16.34	38.19	-133.7
	五水厂（地表）	46.85	46.85	0	46.85	116.29	-148.2	46.85	46.85	0
	六水厂	0	0	0	0	0	0	0	0	0
	合计	300.10	230.66	23.1	300.10	300.10	0	300.10	300.10	0

注：安钢与电厂不受影响，结果略。

情景四：计算时段为 2009 年 6 月 20~30 日，典型年选取 1998 年（P=5%）。

由于情景四中各种条件与情景二类似，同样需要增大安阳市区五个地下水源地的开采量，保证城市供水安全，为此计算结果略，可以参考表 6-22。

情景五：计算时段为 2009 年 5 月 10~20 日，典型年选取 1994 年（P=20%）

（1）应急预警。

由于二水厂遭遇突发事件，不能进行预警，直接进行应急判别。

（2）应急级别与应急预案。

二水厂是安阳市区主要供水水源，供水量约占安阳市区全部水厂供水量的 23%，折合成影响人口在 20 万人以上，且 48 h 以上不能恢复供水，启动Ⅲ级应急预案。

（3）应急调度网络图。

按照就近的原则，加大一水厂和三水厂的供水量。应急调度网络图，见图 6-30。

（4）应急方案。

应急方案 1：按现状调度运行。调度结果见表 6-24。

应急方案 2：加大一、三水厂的供水量（分别加大约 2.0 万 m^3/d 和 1.6 万 m^3/d），补充二水厂停水造成的缺水。具体调度结果见表 6-24。

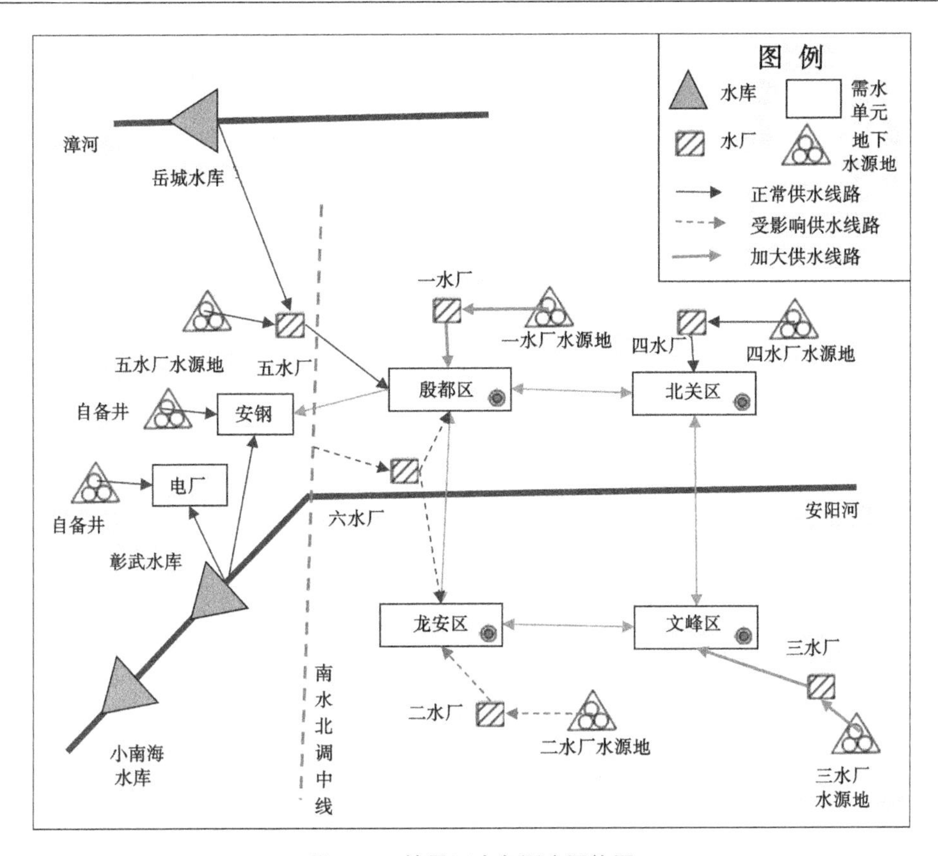

图 6-30　情景五应急调度网络图

表 6-24　情景五应急调度结果（$P=20\%$）

城市	用水户	方案 1			方案 2		
		需水（万 m^3）	供水（万 m^3）	缺水深度（%）	需水（万 m^3）	供水（万 m^3）	缺水深度（%）
安阳市	一水厂	40.20	40.20	0	40.20	62.20	-54.7
	二水厂	40.20	0	100.0	40.20	0	100.0
	三水厂	23.65	23.65	0	23.65	41.85	-77.0
	四水厂	33.11	33.11	0	33.11	33.11	0
	五水厂（地下）	9.46	9.46	0	9.46	9.46	0
	五水厂（地表）	27.12	27.12	0	27.12	27.12	0
	六水厂	0	0	0	0	0	0
	合计	173.74	133.54	23.1	173.74	173.74	0

注：安钢与电厂不受影响，结果略。

3. 公共卫生事件

情景六:计算时段为 2009 年 4 月 22 日至 5 月 12 日,典型年选取 2001 年(P=75%)。

(1)应急预警。

由于岳城水库遭遇突发水污染事件,来不及预警,直接进入应急判别。

(2)应急级别与应急预案。

岳城水库通过五水厂向市区的供水量占安阳市区全部水厂供水量的 16%,折合成影响人口在 10 万人以上,且 48 h 以上不能恢复供水,启动Ⅳ级应急预案。

(3)应调度网络图。

按照就近的原则,加大五水厂和一水厂的供水量,应急调度网络图见图 6-28。

(4)应急方案。

应急方案 1:按现状调度运行。调度结果见表 6-25。

应急方案 2:加大五水厂和一水厂地下水源地开采量(分别约 1.5 万 m^3/d 和 1.0 万 m^3/d),通过相应水厂供给市区。具体调度结果见表 6-25。

表 6-25　情景六应急调度结果

城市	用水户	方案 1			方案 2		
		需水(万 m^3)	供水(万 m^3)	缺水深度(%)	需水(万 m^3)	供水(万 m^3)	缺水深度(%)
安阳市	一水厂	76.75	76.75	0	76.75	102.40	-33.4
	二水厂	76.75	76.75	0	76.75	76.75	0
	三水厂	45.15	45.15	0	45.15	45.15	0
	四水厂	63.20	63.20	0	63.20	63.20	0
	五水厂(地下)	18.06	18.06	0	18.06	44.18	-144.7
	五水厂(地表)	51.78	0	100.0	51.78	0	100.0
	六水厂	0	0	0	0	0	0
	合计	331.68	279.90	15.6	331.68	331.68	0

注:安钢与电厂不受影响,结果略。

情景七:2009 年 11 月 10~20 日,典型年选取 2001 年(P=75%)。

(1)应急预警。

由于四水厂遭遇水污染突发事件,来不及预警,直接进入应急判别。

(2)应急级别与应急预案。

四水厂的供水量约占安阳市区全部水厂供水量的 19%,折合成影响人口在 20 万人以上,且 48 h 以上不能恢复供水,启动Ⅲ级应急预案。

(3)应急调度网络图。

按照就近的原则,加大一水厂的供水量。应急调度网络图见图 6-31。

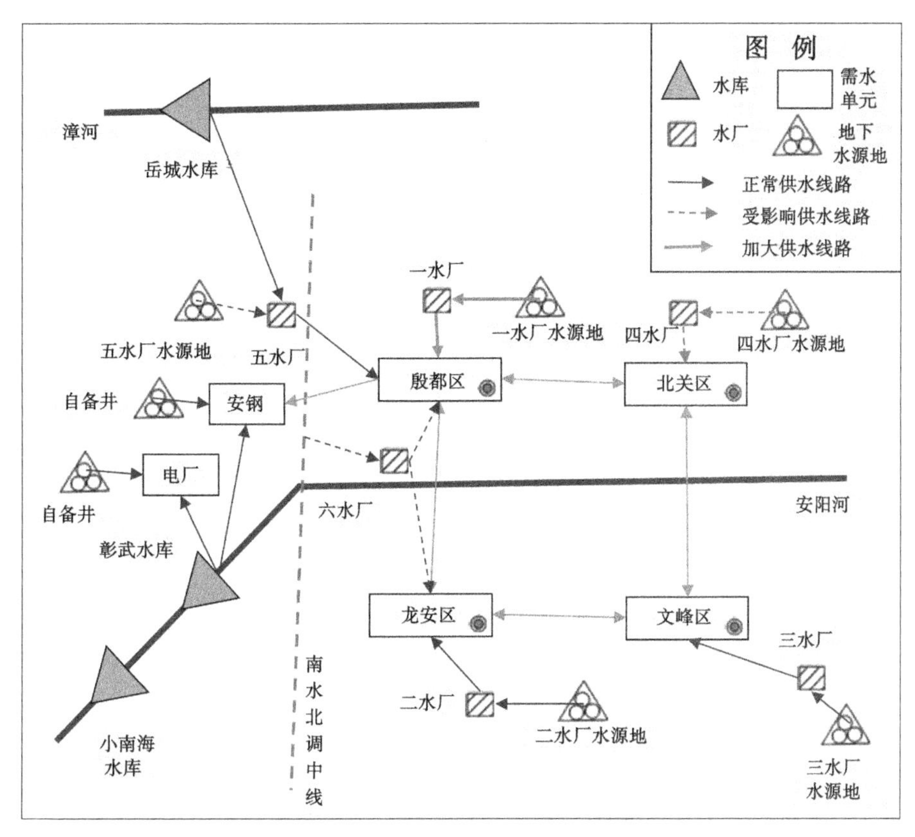

图6-31　情景七应急调度网络图

(4)应急方案。

应急方案1:按现状调度运行。调度结果见表6-26。

应急方案2:加大一水厂水源供水量(加大约0.5万 m^3/d)。具体调度结果见表6-26。

表6-26　情景七应急调度结果($P=75\%$)

城市	用水户	方案1			方案2		
		需水(万 m^3)	供水(万 m^3)	缺水深度(%)	需水(万 m^3)	供水(万 m^3)	缺水深度(%)
安阳市	一水厂	38.90	38.90	0	38.90	70.94	-82.3
	二水厂	38.90	38.90	0	38.90	38.90	0
	三水厂	22.88	22.88	0	22.88	22.88	0
	四水厂	32.04	0	100.0	32.04	0	100.0
	五水厂(地下)	9.15	9.15	0	9.15	9.15	0
	五水厂(地表)	26.25	26.25	0	26.25	26.25	0
	六水厂	0	0	0	0	0	0
	合计	168.14	136.10	19.1	168.14	168.14	0

注:安钢与电厂不受影响,结果略。

6.7　本章小结

(1)本章构建了供需水情势预报模型技术,包括基于 BP 神经网络的小南海水库和彰武水库枯季入流预报模型、基于地下水数值模拟模型的安阳市平原区地下水可开采量预报模型、需水分析模型等。

(2)构建了安阳市城市供水安全预警技术,具体包括 2 个地表水源地(水库)红线、橙线、黄线和蓝线标准,6 个地下水开采监测区红线、橙线、黄线和蓝线关键水位,并以 2007~2008 年枯季的实测水库数据为基础,对安阳市地表水源地进行了逐月预警计算,同时利用 2005~2009 年的市区地下水位统一调查资料,确定关键水位(红线水位、橙线水位、黄线水位和蓝线水位),并以这四个关键水位线将市区代表性监测井的水位划分为红、橙、黄、蓝和可扩大开采五个分区,利用已定关键水位对 2011 年市区地下水位监测资料进行分析,确定市区地下水位处于何种状态。

(3)绘制了安阳市供水安全应急调度网络图,包括 4 个计算单元、6 个水厂(取水户)、7 个水源和 14 个供水渠道;并建立了基于规则的供水安全应急调度模型,包括根据供需水情势分析结果以及预警结果判别是否启用应急的判别、生成应急方案、进行应急调度等,并针对安阳市历史上发生过的供水突发事件,分 7 种情景共 14 个应急方案进行了调算。

第 7 章　结论与展望

7.1　主要结论

7.1.1　研究并建立了城市供水安全预警技术体系

建立了供需水情势预报模型技术，包括基于神经网络的水库枯季入流预报模型、基于地下水数值模拟模型的地下水可开采量实时预报模型以及需水分析预报模型等。在此基础上，提出了面向城市供水安全的预警技术，包括预警等级的划分、预警信息的发布流程、预警指标与判别标准等，并构建了基于规则的城市供水应急调度模型，包括应急调度网络图的绘制、计算思路、调度规则、调度流程、求解算法及模型参数识别和修正等，为建立城市供水安全预警系统与试点建设提供了理论和技术依据。

7.1.2　搭建了城市供水安全预警与应急管理系统

以现有数据库为基础，利用建立的预报、预警和应急调度模型和技术，采用面向对象的设计理念，进行了系统需求分析，建立了面向供水安全预警与应急的数据库，设计了城市供水安全预警与应急管理系统，该系统包括数据层、应用基础层和应用层三层框架结构，对系统的详细功能和界面进行了设计和开发，搭建了简单、实用、界面友好的城市供水安全应急预警与调度系统，该系统实现了城市供水安全信息服务、应急预案管理、供需水情势预报、应急预警、应急调度等功能，为供水安全应急管理提供了决策平台。

7.1.3　安阳市应用成果

通过对安阳市水文、气象等资料的收集、整理与分析，建立了供需水情势预报模型技术，包括基于神经网络的小南海水库和彰武水库枯季入流预报模型、安阳市平原区地下水可开采量预报模型、需水分析模型等，并对 2005～2010 年枯季水库入流进行了预报与 2005～2006 年地下水可开采量预报，预报结果可以满足城市供水安全预警要求；建立了安阳市城市供水安全预警技术，包括预警等级、审批权限、发布流程以及城市主要地表水源地与地下水源地的预警指标、预警评判标准等，具体包括 2 个地表水源地（水库）红线、橙线、黄线和蓝线标准，6 个地下水开采监测区红线、橙线、黄线和蓝线关键水位，并以 2007～2008 年枯季的实测水库数据为基础，对安阳市地表水源地进行了逐月预警计算，同时利用 2005～2009 年的市区地下水位统一调查资料，确定关键水位（红线水位、橙线水位、黄线水位和蓝线水位），并以这四个关键水位线将市区代表性监测井的水位划分为红、橙、黄、蓝和可扩大开采五个分区，利用已定关键水位对 2011 年市区地下水位监测资料进行分析，确定市区地下水位处于何种状态；根据城市供水应急调度的特点，绘制了安阳市供水安全应急调度网络图，包括 4 个计算单元、6 个水厂（取水户）、7 个水源和 14 个供水渠道。并建立了基于规则的供水安全应急调度模型，包括根据供需水情势分析结果以及预警结果判别是否启用应急的判别、生成应急方案、进行应急调度等，并针对安阳市可能的风险，对 7 种情景共 14 个应急方案进行了调算，为安阳市城市供水安全的应急管理提供了基础。

7.2 展 望

虽然在城市供水预报、应急调度模型方法及系统开发等方面取得一些重要研究进展，并以安阳市试点城市为例获得了较好应用，但因受时间、能力和资料限制，不足和遗憾在所难免，建议在已有成果的基础上积极开展以下主要工作：

(1) 进一步验证和完善已开发的模型技术。

通过系统的实际应用，对模型的可靠性和合理性做进一步检验和论证，为搭建适应性更强、可靠度更高的应急系统提供技术支撑，并为该技术体系在全国的推广应用打下坚实的基础。

(2) 进一步丰富和完善系统功能。

根据试点城市的特点，随着基础资料的不断积累和丰富，不断完善和扩充系统功能，为系统在实际管理工作中发挥更大作用奠定坚实的基础。

(3) 进一步推广和应用所取得的技术成果。

由于我国幅员辽阔，南北方差异大，在城市供水应急预案和预警技术方面存在地域差异，本次研究试点城市以最典型的北方城市为主，虽然积累了丰富的经验，但对于南方地区、西北地区和东北地区应对不同的供水危机的技术储备和适用范围有待进一步加深或扩大，为城市供水预案和预警调度技术在全国的推广提供更好的支撑。

总之，在城市供需水情势预报、供水安全预警、应急调度及系统开发等取得了重要成果，但同时也认识到，城市供水安全应急与预警是一个复杂的系统工程，不仅涉及模型技术和方法，还涉及管理体制等方面，为此该研究只是初步的，尚有一些问题还需要在今后的工作中逐步加以研究和解决。

参考文献

[1] Box G E P, Jenkins G M. Time series analysis: forecasting and control[M]. San Francisco: Holden-day, 1976.

[2] 何丽娟,白玉良,赫明天.双重逐步回归分析在中长期水文预报中的应用[J].东北水利水电,2006,24(259):34-35.

[3] 张利平,王德智,夏军,等.基于气象因子的中长期水文预报方法研究[J].水电能源科学,2003,21(3):4-6.

[4] 蒋兴文,李跃清,王鑫.中国地区水汽输送异常特征及其与长江流域旱涝的关系[J].地理学报,2008,63(5):455-463.

[5] Labat D. Recent advances in wavelet analyses: Part 1. A review of concepts[J]. Journal of Hydrology, 2005,314(4):275-288.

[6] Liu Y, Brown J, Demargne J, et al. A wavelet-based approach to assessing timing errors in hydrologic predictions[J]. Journal of Hydrology, 2011, 397(3):210-224.

[7] Shamseldin A Y. Application of a neural network technique to rainfall-runoff modeling[J]. Journal of Hydrology, 1997, 199(4):272-294.

[8] Sajikumara N, Thandaveswarab B S. A non-linear rainfall-runoff model using an artificial neural network[J]. Journal of Hydrology, 1999, 216(6):32-55.

[9] Ndeza M A C, Lez-Manteigaa W G, Manuel Febrero-Bandea, et al. Modelling of the monthly and daily behaviour of the runoff of the Xallas river using Box-Jenkins and neural networks methods[J]. Journal of Hydrology, 2004, 296(1):38-58.

[10] Chua L H C, Wong T S W. Runoff forecasting for an asphalt plane by Artificial Neural Networks and comparisons with kinematic wave and autoregressive moving average models[J]. Journal of Hydrology, 2011, 397(1):191-201.

[11] 蔡煜东,姚林声.径流长期预报的人工神经网络方法[J].水科学进展,1995,6(1):61-65.

[12] 丁涛,周惠成,黄健辉.混沌水文时间序列区间预测研究[J].水利学报,2004(12):15-20.

[13] 王文,许武成.对水文时间序列混沌特征参数估计问题的讨论[J].水科学进展,2005,16(4):609-616.

[14] A H. On the Possible existenee of a Strange attractor for the southern oscillation[J]. Beitr. Phys, 1987, 60(1):34-37.

[15] 陈守煜.模糊水文学与水资源系统模糊优化原理[M].大连:大连理工大学出版社,1990.

[16] 陈守煜.中长期水文预报综合分析理论模式与方法[J].水利学报,1997(8):15-21.

[17] Misraa D, Oommenb T, Agarwalc A, et al. Application and analysis of support vector machine based simulation for runoff and sediment yield[J]. Biosystems engineering, 2009, 3(7):527-535.

[18] 郭俊,周建中,张勇传,等.基于改进支持向量机回归的日径流预测模型[J].水力发电,2010,36(3):12-15.

[19] 彭建,梁虹.我国洪水预报研究进展[J].贵州师范大学学报(自然科学版),2001,19(4):97-102.

[20] 张建云.中国水文预报技术发展的回顾与思考[J].水科学进展,2010,21(4):435-443.

[21] 司伟,包为民,瞿思敏.洪水预报产流误差的动态系统响应曲线修正方法[J].水科学进展,2013,24(4):497-503.

[22] 张建云,王光生,张建新,等.Web洪水预报调度系统开发及应用[J].水利水电技术,2005,36(2):67-70.

[23] 张俊,郭生练,陈桂亚,等.大气水文耦合模式在洪水预报中的应用研究[J].水电能源科学,2010,

28(9):37-40,81.

[24] 崔春光,彭涛,沈铁元,等.定量降水预报与水文模型耦合的中小流域汛期洪水预报试验[J].气象,2010,36(12):56-61.

[25] 刘战友,李兰,朱灿,等.分布式水文模型在洪水预报中的对比研究[J].水电能源科学,2006,24(2):70-73,5.

[26] 赵君,张晓民.改进的TOPKAPI模型及其在洪水预报中的应用[J].河海大学学报(自然科学版),2011,39(2):131-136.

[27] 庄广树.基于地貌参数法的无资料地区洪水预报研究[J].水文,2011,31(5):68-71.

[28] 许继军,杨大文,蔡治国,等.基于分布式水文模拟的三峡区间洪水预报(Ⅰ)——模型构建及验证[J].水文,2008,28(1):32-37.

[29] 狄艳艳,邱淑会,史玉品,等.基于粒子群优化的BP网络算法在渭河下游洪水预报中的应用[J].水资源与水工程学报,2010,21(3):85-88.

[30] 宋亚娅,朱妙艺,朱富军,等.降雨径流模型及其应用[J].水电能源科学,2012,30(6):9-12,73.

[31] 王光生,张建新,袁国霞,等.涨落差法原理浅析及其在洪水预报中的应用[J].水文,2002,22(1):35-37,43.

[32] Dausse M. De la pluic ct del influence desforcts surla coursd cau, Ann. Ponts Chaussees Mars-Avril [Z]. 184-209.

[33] Riggs H C. A method of forecasting low flow of streams. Transactions, Americation Geo-physical Union [Z].

[34] 汤成奇,李秀云.新疆枯水流量的初步计算[J].干旱区地理,1985,8(4): 15-20.

[35] 李秀云,傅肃性,宋现锋.河川枯水径流与极值形成机理研究[J].中国沙漠,1999,19(3): 228-233.

[36] 谢永玉,石朋,瞿思敏,等.岩溶流域枯季径流的区域频率分析[J].水电能源科学,2012,30(6):24-27.

[37] 顾颖,汪向兰,林锦.近60年来我国主要江河枯季径流变化及趋势分析[J].水利水电技术,2011,42(4):6-8.

[38] 薛显武,陈喜,秦年秀,等.喀斯特流域枯季径流衰减系数与地表形态特征相关分析研究[J].中国岩溶,2011,30(1):41-46.

[39] 杨德文,宋金丽.玛纳斯河流域枯季径流消退特性分析[J].内蒙古水利,2011(4):84-85.

[40] 郝庆庆,陈喜,马建良.南方喀斯特流域枯季退水影响因子分析[J].水土保持研究,2009,16(6):22-25,29.

[41] 张艳玲.千河流域枯季径流变化规律分析及月径流预报[J].水资源与水工程学报,2008,19(3):87-89.

[42] 葛新娟,尤平达,吉锦环,等.天山北坡中段主要河流的枯季径流分析[J].干旱区地理,2006,29(3):338-341.

[43] 史秀英.天山山区河流枯季径流消退特性分析[J].水科学与工程技术,2010(2):18-20.

[44] 李静姿,江滨,李毅,等.药品安全预警理论研究[J].中国药房,2009,20(22):1684-1686.

[45] 佘丛国,席酉民.我国企业预警研究理论综述[J].预测,2003,22(2):23-29,2.

[46] 周卫东.高职教育运行预警理论及微观模型[J].职业技术教育,2006,27(19):38-40.

[47] 潘洁珠,朱强,郭玉堂.预警理论方法及其应用研究[J].合肥师范学院院报,2010,28(3):68-71.

[48] 张维平.突发公共事件和预警机制[J].消防科学与技术,2006,25(3):376-381.

[49] 杨启国,张旭东,杨兴国,等.甘肃河东旱作小麦农田干旱监测预警服务系统研究[J].干旱地区农业研究,2004,22(3):186-191.

[50] 席北风,贾香凤,武书龙.干旱预警指标探讨[J].山西气象,2006,2:15-16.

[51] 景毅刚,杜继稳,张树誉.陕西省干旱综合评价预警研究[J].灾害学,2006,21(4):47-49.

[52] 杨永生.粤北地区干旱监测及预警方法研究[J].干旱环境监测,2007,21(2):79-82.

[53] 陈艳春,何祥登,黄九莲.山东省农田干旱预警模型[J].山东气象,2005,25(2):24-25.

[54] 张文宗,姚树然,赵春雷,等.利用 MODIS 资料监测和预警干旱新方法[J].气象科技,2006,34(4):501-504.

[55] 杨太明,陈金华,李龙澍.安徽省干旱灾害监测及预警服务系统研究[J].气象,2006,32(3):113-117.

[56] 毕云,许利,吕玉华,等.内蒙古地区干旱预警系统[J].内蒙古气象,2000(2):28-29.

[57] 杨荣光,毕建杰,张衍华,等.山东省农业干旱趋势与旱地农业技术的发展[J].安徽农学通报,2007,13(15):44-45.

[58] 祝新建,耿俊平.新乡小麦干旱监测预警与综合防御技术初探[J].现代农业科技,2007,19:137.

[59] 李景波,董增川,王海潮,等.城市供水风险分析与风险管理研究[J].河海大学学报,2008,36(1):35-39.

[60] Asa Scott. Environment-Accident Index:Validation of A Model[J]. Journal of Hazardous Materials,1998,61:305-312.

[61] Jenkins L. Selecting Scenarios for Environmental Disaster Planning[J]. European Journal of Operational Research,2000,121:275-286.

[62] 卢金锁.地表水厂原水水质预警系统研究及应用[D].西安:西安建筑科技大学,2006.

[63] Konstantion G Zografos,George M Vasilakis,Ioanna M Giannouli. Method framework developing decision support system(DSS) for hazardous materials emergency response operations[J]. Journal of Hazardous Materials,2000,71:503-521.

[64] 张晓健,陈超.应对突发性水源污染的城市应急供水的进展与展望[J].给水排水,2011,37(10):9-18.

[65] Ladislav T,Jan R,Tomas J. Risk Analysis of Water Distribution Systems[J]. Security of Water Supply Systems:From Source to Tap,2006,8:169-182.

[66] Tiffany J S,Ellen C E,Charles B. Comparative Analysis of Water Vulnerability Assessment Methodologies[J]. Journal of Infrastructure Systems,2006,6:96-106.

[67] 陆仁强,牛志广,张宏伟.城市供水系统风险评价研究进展[J].给水排水,2010,36:4-8.

[68] Walski T M,Chase D V,Savic D A,et al. Advanced Water Distribution Modeling and Management[J]. C T U S,Heasted Press,2003:499-519.

[69] Huipeng L. Hierarchical risk assessment of water supply systems[J]. Lough borough University,2007.

[70] Mays L W. Water Supply System Security[J]. INC U S:Mc Graw Hill,2004:(1,3).

[71] Nrwa. Security Vulnerability Self-assessment Guide for Small Drinking Water Systems. 2002.

[72] Li H,Vairavarnoorthy K. An Object-oriented Framework for Vulnerability and Risk Assessment of Water Supply Systems, Proceedings of Decision Support in the Water Industry under Conditions of Uncertainty[J]. EPSRC Research Network Seminar ACTUI,2004:111-117.

[73] 马立辉,刘遂庆,信昆仑.供水系统脆弱性评价研究进展[J].给水排水,2006,32(9):107-110.

[74] Murray R,Janke R,Uber J. The theat ensemble vulnerability assessment(TEVA) program for drinking water distribution system security[J]. World Water Congress,2004.

[75] Maggio G. Space shuttle probabilistic risk assessment:Method & Application[J]. Proceedings annual Reliability and Maintainability Sysposium,1996:121-132.

[76] 钱家忠,李如忠,汪家权,等.城市供水水源地水质健康风险评价[J].水利学报,2004(8):90-93.

[77] 牛宝昌,范雪芬,曲兴辉.供水水源系统风险性分析与评价[J].东北水利水电,2004,22(237):16-18.

[78] 刘中培,迟宝明,戴长雷.长春市城市供水风险分析及对策研究[J].水土保持研究,2007,14(6):259-261.

[79] 韩宇平,阮本清.区域供水系统供水短缺的风险分析[J].宁夏大学学报(自然科学版),2003,24(2):129-133.

[80] 吴小刚,张土乔.城市给水网系统的故障风险评价决策技术[J].自然灾害学报,2006,15(2):73-78.

[81] 鲁娟.给水管网脆弱性评价研究[D].合肥:合肥工业大学,2007.

[82] 李景波,董增川,王海潮,等.城市供水风险分析与风险管理研究[J].河海大学学报(自然科学版),2008,36(1):35-39.

[83] 朱婷,李树平,刘遂庆.可持续城市水系统风险分析的应用及进展[J].中国给水排水,2007,23(16):18-21.

[84] 徐玉岩,宇鹏.城市供水管网爆管预警系统的设计与实践[J].地方经济,2012,5:323.

[85] 何芳,林建敏,吴迪,等.供水管网爆管预警及定位技术的研究与实践[J].管网设计与运行,2012,38(6):110-113

[86] 王玲玲,王滨,刘洪海,等.基于GIS的城市供水管网爆管预测预警信息系统[J].中国给水排水,2012,28(7):48-51.

[87] 方海恩,吕谋.供水系统预警监测站的优化布置[J].中国给水排水,2007,23(9):44-47.

[88] 刘征,殷蔚明.供水预警监测站自动选址的研究与应用[J].工程勘察,2009,11:67-80.

[89] 史东超,徐海剑.唐山市应急供水分析与对策研究[J].水利科技与经济,2012,18(6):30-31.

[90] 朱思诚,吕金燕,任希岩.应急供水的启示——日本神户市应急供水系统简介[J].灾害学,2010,25:220-222.

[91] 邵新民,王蓓.建立浙江省地下水应急供水水源地的初步研究[J].水文地质工程地质,2004,5:54-56.

[92] 戴长雷,迟宝明,刘中培.基于含水层调蓄的长春市应急供水[J].水资源保护,2007,23(4):37-43.

[93] 孙成训,赵振.格节河水库兴利库容确定及应急供水能力分析[J].工程科技,2011,15:295.

[94] 尹政,赵艳娜,杨丽萍.甘肃省城市应急供水水源地规划研究[J].地下水,2010,32(6):58-60.

[95] 赵志江,于淑娟.城市应急供水保障体系建设研究[J].水利科技与经济,2010,16(7):725-726.

[96] 王洋,宋桂杰,刘旭东.城市应急备用水源需求和规模确定方法研究[J].给水排水,2012,38(5):19-22.

[97] 叶勇.基于城市群的水资源实时监控与管理系统研究及应用[D].北京:中国水利水电科学研究院,2010.

[98] 朱华桂,曾向东.监测预警体系建设与突发事件应急管理[J].江苏社会科学,2007,3:231-236.

[99] 张艳丽.城市供水安全的脆弱性评价体系构建[J].科教导刊—社会科学学科研究,2011,9:158-159.

[100] 施春红,葛华军.城市供水安全分析及对策研究[J].工业技术经济,2007,26(6):24-27.

[101] 覃光华,王建华,赵英林.实时洪水预报研究综述及展望[J].城市道桥与防洪,1999(4):35-39,51.

[102] 孙守国.枯季径流预报探讨[J].长春工程学院院报,2007,8(3):54-55.

[103] 计红,韩龙喜,刘军英.水质预警研究发展探讨[J].水资源保护,2011,27(5):39-42.

[104] 刘先品,李树平,王绍伟.突发事故下应急供水分析[J].四川环境,2009,28(3):109-113.

[105] 张海滨,苏志诚,宋建军.我国应急调水补偿机制的初步探讨[J].中国水利,2011,11:7-9.

[106] 刘付荣.区域水资源配置中供水预测计算方法研究[J].气象与环境科学,2012,35(1):78-82.

[107] 魏传江,王浩.区域水资源配置系统网络图[J].水力学报,2007,38(9):1103-1108.

[108] 中国水利水电科学研究院,河南省安阳市水利局.安阳市水资源综合规划[R].2002.